河南省工程建设标准

居住建筑装配式内装工程技术标准

Technical standard for assembled infill of residential buildings

DBJ41/T 248—2021

主编单位:河南省建设工程质量监督总站
河南省住宅产业化促进中心
批准单位:河南省住房和城乡建设厅
施行日期:2021 年 8 月 1 日

黄河水利出版社

2021   郑州

图书在版编目(CIP)数据

居住建筑装配式内装工程技术标准/河南省建设工程质量监督总站,河南省住宅产业化促进中心主编. —
郑州:黄河水利出版社,2021.8
ISBN 978-7-5509-3063-6

Ⅰ.①居… Ⅱ.①河… ②河… Ⅲ.①居住建筑-室
内装修-技术标准-河南 Ⅳ.①TU767-65

中国版本图书馆 CIP 数据核字(2021)第 159010 号

出　版　社:黄河水利出版社　　　　　　网址:www.yrcp.com
　　　　　　地址:河南省郑州市顺河路黄委会综合楼 14 层　邮政编码:450003
发行单位:黄河水利出版社
　　　　　　发行部电话:0371-66026940、66020550、66028024、66022620(传真)
　　　　　　E-mail:hhslcbs@126.com
承印单位:郑州豫兴印刷有限公司
开本:850 mm×1 168 mm　1/32
印张:3.875
字数:97 千字
版次:2021 年 8 月第 1 版　　　　　　印次:2021 年 8 月第 1 次印刷

定价:32.00 元

河南省住房和城乡建设厅文件

公告〔2021〕50 号

河南省住房和城乡建设厅
关于发布工程建设标准《居住建筑装配式
内装工程技术标准》的公告

现批准《居住建筑装配式内装工程技术标准》为我省工程建设地方标准,编号为 DBJ41/T 248—2021,自 2021 年 8 月 1 日起在我省施行。

本标准在河南省住房和城乡建设厅门户网站(www.hnjs.gov.cn)公开,由河南省住房和城乡建设厅负责管理。

河南省住房和城乡建设厅

2021 年 6 月 24 日

前　言

为加强对河南省装配式内装工程的管理，提高装配式内装工程质量，标准编制组经广泛调查研究，认真总结实践经验，参考有关国际标准和国外先进标准，并在广泛征求意见的基础上，编制了本标准。

本标准的主要技术内容包括：总则、术语、基本规定、集成设计、集成安装、质量验收及附录。

本标准由河南省住房和城乡建设厅负责管理，由河南省建设工程质量监督总站、河南省住宅产业化促进中心负责具体技术内容的解释。执行过程中如有意见或建议，请寄送河南省建设工程质量监督总站（地址：河南省郑州市河南建设大厦东塔 17 楼，电话 0371-66212642）。

主 编 单 位：河南省建设工程质量监督总站
　　　　　　河南省住宅产业化促进中心
参 编 单 位：河南省中原成品房研究中心
　　　　　　河南恒基时代建设管理有限公司
　　　　　　郑州禧屋一建家居科技有限公司
　　　　　　河南六建建筑集团有限公司
　　　　　　河南四建集团股份有限公司
　　　　　　高创建工股份有限公司
　　　　　　科兴建工集团有限公司
　　　　　　中天建设集团有限公司
　　　　　　中建七局建筑装饰工程有限公司
　　　　　　郑州一建集团有限公司
　　　　　　建业住宅集团（中国）有限公司

惠达卫浴股份有限公司

青岛海骊装配建筑科技有限公司

河南鼎隆新材料科技有限公司

主要起草人：郭士干　郝树华　曾繁娜　陈贵平　卢勇芬
　　　　　　李　博　安　琦　万　珺　王景英　徐　婧
　　　　　　秦丽娅　李　英　徐　晖　李慕梓　卫晓飞
　　　　　　谢金松　张建新　张立伟　程湘伟　许向华
　　　　　　张学彬　王新钟　刘志宏　陈　龙　陶　春
　　　　　　杨　春　徐惠薇　王玉彬　梁　磊　杨树佳
　　　　　　廉小虔　牛治飞　孟裕臻　郭　蓓　周鸿儒
　　　　　　胡国昌　常延涛　卢甲文　周超云　张晓翠
　　　　　　范晓龙　张彦超　徐新明　魏新亚
主要审查人：鲁性旭　胡伦坚　曹景富　李亦工　郑丹枫
　　　　　　张　艳　张中善

目　次

1 总　则

1.0.1 为推动新型建筑工业化发展,促进建筑产业转型升级,提高装配式内装工程的环境效益、社会效益和经济效益,做到安全适用、技术先进、经济合理、确保质量,制定本标准。

1.0.2 本标准适用于新建居住建筑的装配式内装工程的设计、安装、质量验收。改建、扩建的民用建筑的装配式内装工程可参考执行。

1.0.3 装配式内装工程除应符合本标准外,尚应符合国家现行有关标准的规定。

2 术 语

2.0.1 居住建筑 residential building

供人们居住使用的建筑。

2.0.2 装配式内装 assembled infill

采用干式工法,将工厂生产的标准化内装部品在现场进行组合安装的工业化建造方式。

2.0.3 管线分离 pipe & wire detached from structure system

设备管线与建筑主体结构分离设置的方式。

2.0.4 干式工法 non-wet construction

以干作业工艺为特征的建造方式。

2.0.5 集成设计 integrated design

建筑结构系统、外围护系统、设备与管线系统、内装系统一体化的设计方法和过程。

2.0.6 标准化接口 standardized interface

具有统一的尺寸规格与参数,并满足公差配合及模数协调的接口。

2.0.7 内装部品 infill components

在工厂生产、现场装配,构成建筑内装体的内装单元模块化部品或集成化部品。

2.0.8 集成式厨房 integrated kitchen

由工厂生产的楼地面、吊顶、墙面、橱柜和厨房设备及管线等集成并主要采用干式工法装配而成的厨房。

2.0.9 集成式卫生间 integrated bathroom

由工厂生产的楼地面、墙(面)板、吊顶和洁具设备及管线等集成并主要采用干式工法装配而成的卫生间。

3 基本规定

3.0.1 装配式内装工程所用材料的燃烧性能要求、有害物质含量等应符合《建筑内部装修设计防火规范》GB 50222、《建筑设计防火规范》GB 50016 及《民用建筑工程室内环境污染控制标准》GB 50325 等相应国家现行标准的规定。

3.0.2 装配式内装应统筹项目需求、技术选择、建设条件与成本控制要求等进行总体技术策划。

3.0.3 装配式内装设计与建筑设计应在设计的各个阶段协同进行，并应与结构系统、外围护系统及设备管线系统进行一体化设计。设计文件必须满足一体化审查要求。

3.0.4 装配式内装的部品选型应在建筑设计阶段进行，明确关键技术性能参数，并采用标准化接口，满足通用性和互换性要求。

3.0.5 装配式内装应遵循模数协调的原则进行标准化设计。

3.0.6 装配式内装、管线及设备与建筑主体的接口设计应采用机械连接等工业化方式进行。

3.0.7 装配式内装应满足管线、设备设施等部品的安装、使用维护及检修更换的要求，宜采用管线分离技术。

3.0.8 装配式内装工程的室内环境应在设计阶段综合考虑，采取有效措施改善和提高室内热工环境、光环境、声环境和空气环境质量，并在工程完工竣工验收前进行室内环境检测。

3.0.9 装配式内装工程宜运用建筑信息模型（BIM）技术正向设计，进行全过程的信息化管理和专业协同，保证工程信息传递的准确性与质量的可追溯性。

3.0.10 装配式内装宜采用总承包管理模式，合理划分施工段，组织流水作业，科学利用工作面，提升工作效率。

3.0.11 装配式内装宜采用绿色建材，所用材料的品种、规格和质量等应符合设计要求和国家现行标准的规定。材料与部品宜经认证,且附有认证标识。

3.0.12 装配式内装应遵循以人为本且宜满足适老化的需求。

3.0.13 施工现场应具有健全的质量管理体系、相应的工程技术标准、工程质量检验制度和综合施工质量水平评定考核制度。施工现场质量管理可按本标准附录 A 的要求进行检查记录。

4 集成设计

4.1 一般规定

4.1.1 装配式内装设计应协调建筑、结构、给水排水、供暖、通风和空调、燃气、电气、智能化等各专业的要求,进行协同设计,并统筹设计、生产、安装和运维各阶段的需求。

4.1.2 装配式内装设计应选用高集成度的系统化内装部品,采用模块和模块组合的方法,按照少规格、多组合的原则进行标准化设计,满足建筑生命期内使用功能可变性及个性化要求。

4.1.3 装配式内装设计应明确内装部品和设备管线主要材料的性能指标,应满足结构受力、抗震、安全防护、防火、节能、隔声、环境保护、卫生防疫、无障碍等方面的需要。

4.2 标准化设计和模数协调

4.2.1 装配式内装应遵循模数化的原则进行设计,应符合现行国家标准《建筑模数协调标准》GB/T 50002 的规定,住宅宜符合《工业化住宅尺寸协调标准》JGJ/T 445 的规定,并应符合以下规定:

　　1 装配式内装的房间开间、进深、门窗洞口宽度等宜采用 nM (n 为自然数);

　　2 装配式内装的建筑净高和门窗洞口高度宜采用分模数列 nM/2;

　　3 装配式内装的构造节点和部件的接口尺寸宜采用分模数列 nM/2、nM/5、nM/10。

4.2.2 装配式内装应对厨房、卫生间、收纳系统等主要使用空间和主要的部品进行标准化设计,提高标准化程度。

4.2.3 装配式内装应采用通用的构造和部件进行连接设计,并采用具有不同肌理、材质、颜色的面层材料满足个性化的需要。

4.2.4 装配式内装部品的定位可通过设置模数网格来控制,部品的定位宜采用界面定位法。

4.2.5 装配式内装设计应统筹建筑模数与部品生产之间的尺寸协调。部品部件尺寸设计应与原材料的规格尺寸协调。

4.2.6 装配式内装设计应根据内装部品的生产和安装要求,确定公差,应考虑结构变形、材料变形和施工误差的影响。部品与部品、部品与建筑间的配合均为间隙配合。

4.3 内装部品选型与集成设计

4.3.1 部品选型应符合以下规定:

1 内装部品的选型应结合房间功能、设备管线安装、保温、隔声、防滑、防静电、防水、防火、无障碍等需求进行。

2 内装部品的选型应优先选用模块化产品,采用基本件+可调节件的系列规格组合方式。

3 内装部品的选型应便于维护和更换,耐久性低的部品部件应有易更换、易维修措施,避免维修破坏耐久性高的部品或结构构件。套内部品的维修和更换不应影响公共部品或结构的正常使用。

4.3.2 装配式内装集成设计应符合以下规定:

1 集成设计应按照标准化、模数化、通用化的要求,运用模块组合方式,实现内装系列化和多样化;

2 应对隔墙及墙面、吊顶、楼地面、集成式厨房、集成式卫生间、收纳部品内门窗、设备和管线等进行集成设计;

3 内装部品与主体结构的连接设计应优先采用预留(预埋)连接件的方式,明确部品之间连接的标准接口类型、规格、接驳方式,应明确配套的部件、零配件构成,避免安装过程损坏结构构件。

4.3.3 装配式内装集成设计应按照技术策划确定的原则进行,实现设备管线与结构分离。

Ⅰ 装配式隔墙及墙面

4.3.4 装配式隔墙应根据使用功能选择隔墙体系,合理布置水、电、暖等管线。

4.3.5 装配式隔墙宜优先采用带集成饰面层的隔墙。

4.3.6 分户隔墙应满足强度、隔声、防火要求。

4.3.7 卫生间隔墙下端应设止水构造,且构造高度应结合楼地面高度确定。隔墙材料应具有防水、防潮性能,并应有防水、防潮构造。

4.3.8 骨架隔墙应符合以下要求:

1 应根据隔声性能等要求、设备设施安装等需要明确隔墙厚度,同时应明确各种龙骨的材质、规格型号,有 A 级燃烧性能等级要求的部位应采用金属龙骨;

2 隔墙填充材料宜选用不燃材料;

3 隔墙上需要固定或吊挂重物时,应采取加强措施,其承载力应满足相关规范要求;

4 龙骨布置应满足墙体强度的要求,高度超过 4 m 的隔墙,龙骨强度应进行验算,并采取必要的加强措施;

5 门窗洞口、墙体转角连接处等部位应加设龙骨进行加强处理;

6 龙骨与隔墙板、饰面板之间应采用机械连接方式,以方便维修和更换。

4.3.9 条板隔墙应符合以下要求:

1 应根据建筑使用功能和使用部位,选择条板隔墙及厚度,并按基本板加调节板的方式设计;

2 当条板隔墙需吊挂重物和设备时,应根据隔墙强度设计多点固定方案,固定点间距应大于 300 mm。

4.3.10 装配式墙面应符合下列要求：

1 装配式墙面宜采用带集成饰面层的墙面,饰面层宜在工厂内完成；

2 面层板与基层板应采用机械连接方式可靠连接,不应采用有机粘接剂粘接方式；

3 应设计悬挂重物部位墙面的节点详图。

Ⅱ 装配式吊顶

4.3.11 装配式吊顶应根据使用功能及成品效果,选择吊顶造型,并合理布置管线、灯具及设备。

4.3.12 吊顶龙骨应根据吊顶内管线、设备及吊顶上安装的灯具、设备等合理布置,且吊顶龙骨应采用机械连接方式。

4.3.13 装配式吊顶内有需要检修的管线、设备时,应有便于检修的构造。

4.3.14 吊顶与墙或梁交接处应根据房间尺度大小、造型等设置收口构造,以满足公差、膨胀、变形及抗震等要求。

4.3.15 卫生间、公共盥洗间及开水间吊顶内有管线、设备时,应采用防潮、防腐、防蛀材料,且吊顶应密闭。

4.3.16 当采用整体面层及金属板类吊顶时,质量不大于 1 kg 的灯具、设备可直接安装在面板上；质量不大于 3 kg 的灯具等设施宜安装在次龙骨上,并有可靠的固定措施；质量大于 3 kg 的灯具等设施应直接吊挂在建筑承重结构上。

Ⅲ 装配式楼地面

4.3.17 装配式楼地面应结合承载力和隔声需要进行一体化设计,宜采用标准化、模块化原则进行产品选型。考虑耐磨性、抗污染、易清洁、耐腐蚀、防火、防静电等性能应满足使用功能的要求,卫生间、公共盥洗间及开水间的地面部品还应满足防水、防滑、防蛀等性能要求。

4.3.18 装配式楼地面宜采用架空、干铺等干式工法。

4.3.19 架空地面系统设计符合下列规定：

1 架空地板应根据自身膨胀系数，结合本地气候条件及使用工况，与周边墙体之间设置伸缩缝隙，并对缝隙采取美化收口措施。

2 架空高度应计算确定，满足管线排布的需要。当水、电、暖等管线设置在同一架空层有交叉时，应遵循电高水低、有压让无压的原则，且架空层内管线有便于检修的构造。

3 卫生间、公共盥洗间及开水间应有防止水进入架空层的措施。

4 卫生间、公共盥洗间及开水间宜采用同层排水方案，其架空地板系统应有防止漏水、凝水、积水排出构造。

4.3.20 低温辐射供暖地面应选择导热、散热性能优良的部品，且面层部品与辐射供暖部品之间不应设置龙骨架空铺装，宜选用模块化、集成化部品。

4.3.21 地板辐射供暖不应被大于 $1\ m^2$ 的固定部品直接压盖，室内部品选型应合理。

4.3.22 辐射供暖系统的居住建筑，其卫生间应采用散热器供暖。

4.3.23 设置地漏的卫生间、公共盥洗间及开水间门内地面标高应低于相邻楼地面标高 5 mm，并找 1% 坡度坡向地漏。门口宜采用倒角过渡；设置浴缸的卫生间，浴缸下地面标高应与相邻房间一致。

Ⅳ 集成式厨房

4.3.24 集成式厨房空间尺寸应符合《住宅厨房及相关设备基本参数》GB/T 11228、《工业化住宅尺寸协调标准》JGJ/T 445、《河南省成品住宅设计标准》DBJ41/T 163 的规定。

4.3.25 集成式厨房应与结构系统、外围护系统、公共设备与管线系统协同一体化设计。

4.3.26 集成式厨房应遵循人体工程学原理,按炊事流程合理布局。

4.3.27 厨柜可采取单排形、双排形、L形、U形等布置形式。吊柜与轻质隔墙体连接时应采取加强构造措施。

4.3.28 集成式厨房应确定灶具、洗涤池、油烟机等基本厨房电器和设备的位置及点位进行管线集成设计,管线宜设在地面系统、隔墙系统或吊顶系统内,且采用标准化接口。

4.3.29 集成式厨房的设计应满足易维护更新的要求。

V 集成式卫生间

4.3.30 集成式卫生间的设计应符合以下要求:

1 集成式卫生间的选型应在方案设计阶段进行,应与集成式卫生间厂家进行技术对接,确保集成式卫生间各项技术性能指标符合要求;

2 集成式卫生间的设计应结合部品选型与内装系统设计统筹,与结构系统、外围护系统、公共设备与管线系统协同设计;

3 集成式卫生间内壁板与内隔墙应采用一体化方案,不宜采用后砌墙的方式;

4 集成式卫生间宜采用干湿分离的布置方式,宜采用同层排水方式。

4.3.31 集成式卫生间的插座、排风机等电气设备宜安装在干区。0区、1区、2区除集成安装在卫生间内的电气设备自带控制器外,其他控制器、开关宜设置在集成式卫生间门外。

4.3.32 集成式卫生间选用的排水管道材质和连接方式应与主立管管道相匹配,当采用不同材质的管道连接时,应有可靠连接措施。

4.3.33 集成式卫生间的设计应充分考虑维护更新的要求。

4.3.34 采用防水托盘式集成式卫生间的地漏、排水管件和相应配件时,应与防水托盘成套选型。

4.3.35 集成式卫生间地面与基层之间宜采取漏水检测措施。

Ⅵ 收纳部品

4.3.36 应根据功能需求,于建筑隔墙、设备管线、吊顶等合理设置收纳空间。

4.3.37 地板辐射供暖上的收纳系统,应有利于散热的构造或措施。

4.3.38 应采用模块化、标准化设计,优先采用工厂生产的标准化内装部品,且宜适应全寿命期的使用,内部空间满足可变收纳需求。

4.3.39 收纳物品的重量不得超过建筑受力构件的设计允许荷载,应在设计图中标明重量限值,并应在交付使用前在相关部位标明重量限定标识。

4.3.40 设置于收纳部品内的电气设备及箱体应有防止火灾措施,且宜为独立单元,并便于检修。

4.3.41 水、暖等设备及管线设置于收纳部品内时,应有方便维护及检修措施。

4.3.42 收纳部品中的玻璃应为安全玻璃,其厚度应根据受力大小和支承跨度经计算确定,同时应符合《建筑玻璃应用技术规程》JGJ 113 的相关规定。

4.3.43 卫生间、公共盥洗间及开水间的收纳部品应采取防水、防潮、防腐、防蛀措施。

Ⅶ 内门窗

4.3.44 内门窗应结合装配式隔墙、楼地面、吊顶进行一体化设计,宜减少规格、种类、统一开启扇尺寸。

4.3.45 内门窗宜选用成套化的部品,设计文件应明确所采用门窗的材料、品种、规格等指标,以及颜色、开启方向、安装位置、固定方式等要求。

4.4 设备和管线

4.4.1 装配式内装设备和管线的设计应遵循下列原则:

1 设备和管线应结合内装部品进行集成设计,并宜采用建筑信息模型技术,进行工厂化预制和装配化安装;

2 内装管线设计应采用与结构分离的原则,机电管线、开关盒、插座盒等宜敷设在楼地面系统、隔墙系统及吊顶系统的空腔层内,给水排水及空调等管线应采取考虑隔声降噪、保温、防结露等措施;

3 内装冷热给水管、排水管,电源线、设备插座点位及开孔尺寸接口设计应准确;

4 内装管线应选用耐腐蚀、使用寿命长、降噪性能好、便于安装及维修的管材、管件,以及连接可靠、密封性能好的管道阀门。

4.4.2 生活给水及热水管道的设计应符合下列规定:

1 住宅户内给水管道宜采用分水器配水方式,分水器至用水器具配水点之间的管道不应有接口。

2 住宅生活热水采用独立燃气或电热水器供应时,应采用热水型管材、管件,暗装部分热水器至用水器具配水点之间的管道不应有接口。采用太阳能集中热水系统时宜采用集热循环无动力太阳能热水系统。

4.4.3 排水管道的设计应符合下列规定:

1 居住建筑宜采用同层排水系统,污水立管宜设置在公共区域,并宜采用特殊单立管排水系统,厨房洗涤盆的废水排水管不得与卫生间污水管连接。

2 应采用节水型器具。

3 为防止排水管道系统内有害气体、病毒、细菌逸入室内,应在卫生器具的排水口设置水封装置,或选用构造内设置有水封装置的卫生器具,且水封深度不得小于 50 mm。

4 地漏的构造和性能应符合现行行业标准《地漏》CJ/T 186 的规定;水封装置的水封深度不得小于 50 mm,严禁采用活动机械活瓣替代水封,严禁采用钟式结构地漏。

4.4.4 供暖管道的设计应符合下列规定:

1 低温热水地板辐射供暖系统,宜采用干式工法模块系统,并应满足本标准装配式楼地面的要求;

2 电辐射供暖系统宜分户采用电热膜、电热板、发热电缆等电热辐射供暖系统;

3 采用散热器供暖系统时,散热器应明装,其敷设在垫层或架空层内的管道不应有接口,出地面的管件应有易于检修措施。

4.4.5 空调管道的设计应符合下列规定:

1 独立分体式空调室外机的安装应与建筑进行一体化设计,保证室外机安装空间充足、安装便利、通风良好;室内机的安装应牢固可靠,安装在轻质隔墙上的室内机应做好安装预留措施;空调冷媒管和凝水管穿墙孔应统一设计并预留,空调冷媒管和凝水管穿墙及室外冷媒管宜采用专用套管。

2 采用户式集中空调的居住建筑,室外主机应设专用设备平台,宜与屋顶、生活阳台结合设计。室内末端设备的风机盘管或多联空调系统,应根据内装要求确定末端设备的形式。温控器宜设置在各功能房间入口处,宜与照明开关贴邻设置。

3 建筑中采用集中空调系统时,应设置分室(户)温度调节、控制装置及分户冷量计量或分摊设施。

4.4.6 通风系统管道的设计应符合下列规定:

1 居住建筑宜设计新风系统,其新风中污染物浓度及换气次数应满足《民用建筑供暖通风与空气调节设计规范》GB 50736 的要求,气流组织宜与 VRV 空调系统一致。

    2 厨房油烟排入竖向管道时,水平管道与竖向管道应设置防火止回阀;厨房油烟水平排向室外时,应满足油烟净化效率要求及排放标准,并设置可靠防油烟设施,避免对建筑外墙面的污染。

    3 卫生间排风机与排气道连接应设置防火止回阀,且换气次数应满足《民用建筑供暖通风与空气调节设计规范》GB 50736 的要求。

4.4.7 电气和智能化管线的设计应符合下列规定:

    1 装配式混凝土建筑的电气和智能化设备与管线的设计,应满足预制构件工厂化生产、安装及使用维护的要求。

    2 电气管线优先敷设在楼地面系统、隔墙系统及吊顶系统的空腔层内;当采用金属管配管时,应采用套接紧定式导管(JDG)。

    3 电气线路应采用符合安全和防火要求的敷设方式配线,导线应采用铜线。

    4 沿架空夹层敷设的线缆应穿管或线槽保护,严禁直接敷设;线缆敷设中间不应有接头。

4.4.8 电气和智能化设备与管线设置及安装应符合下列规定:

    1 配电箱、智能化配线箱不宜安装在预制混凝土构件上;

    2 当大型灯具、桥架、母线、配电设备等安装在主体构件上时,应采用预留预埋件固定;

    3 设置在主体构件上的接线盒、连接管等应做预留,出线口和接线盒应准确定位;

    4 不应在主体构件受力部位和节点连接区域设置孔洞及接线盒,隔墙两侧的电气和智能化设备不应直接连通设置;

    5 电气管道敷设方式应符合安全和防火要求,管道不应与热水、可燃气体管道交叉;

    6 在隔墙空腔层敷设电气管道时,应满足管道的安全间距要求。

4.5 室内环境设计

4.5.1 室内热环境应符合下列规定：

　　1 围护结构热工性能应符合《河南省居住建筑节能设计标准(寒冷地区 75%)》DBJ41/T 184、《河南省居住建筑节能设计标准(夏热冬冷地区)》DBJ41/071 的规定；

　　2 当采用干式工法低温辐射地板采暖时,宜与装配式隔墙、装配式吊顶或装配式楼地面集成。

4.5.2 室内照明设计应满足各功能空间要求,并应符合《建筑照明设计标准》GB 50034 的规定。

4.5.3 室内声环境应符合下列规定：

　　1 室内声环境应符合《民用建筑隔声设计规范》GB 50118 的规定；

　　2 装配式楼地面、装配式隔墙、内门系统宜采取隔声、吸声等构造措施；

　　3 敷设在装配式吊顶、装配式楼地面架空层内及装配式隔墙空腔内易产生噪声的管线宜采取隔声、降噪措施。

4.5.4 室内通风设计应符合下列规定：

　　1 室内通风宜采用自然通风和强制通风相结合。

　　2 设有中央空调、采暖设备或被动式建筑时,宜采用补充新风的设备。其新风系统最小设计新风量宜采用换气次数法确定,且应按下式计算：

$$Q_{\min} = F \cdot h \cdot n \qquad (4.5.4)$$

式中　$Q_{\min}$——最小设计新风量,m³/h;

　　　F——居住面积,m²;

　　　h——房间净高,m;

　　　n——新风量设计最小换气次数,次/h,宜符合表 4.5.4 的规定。

表 4.5.4 居住建筑设计最小换气次数

人均居住面积 F_p	每小时换气次数(次)
$F_p \leqslant 10 \text{ m}^2$	0.70
$10 \text{ m}^2 < F_p \leqslant 20 \text{ m}^2$	0.60
$20 \text{ m}^2 < F_p \leqslant 50 \text{ m}^2$	0.50
$F_p > 50 \text{ m}^2$	0.45

4.5.5 内装部品材料应符合《民用建筑工程室内环境污染控制标准》GB 50325 和《住宅建筑室内装修污染控制技术标准》JGJ/T 436 的规定。

5 集成安装

5.1 一般规定

5.1.1 集成安装应采用流水作业方式。

5.1.2 集成安装协同主体结构系统、外围护系统、设备与管线系统，根据内装工程特点制订专项安装方案，且应遵守设计、生产、装配一体化的原则进行整体策划，明确各分项工程的界面、安装顺序与避让原则，总承包单位应对装配式内装工程进行标准化管理及动态管理。

5.1.3 集成安装宜采用标准化工艺、机械化工具装备。其采用的新技术、新工艺、新材料、新设备，以及新的或首次采用的安装工艺应确保在符合国家现行有关标准、规范的规定后实施。

5.1.4 集成安装质量应符合下列规定：

    1 装配式内装工程采用的主要材料、部品、器具和设备应进行进场检验。

    2 凡涉及安全、节能、环境保护和主要使用功能的重要材料、产品，应按各专业工程施工规范、验收规范和设计文件等规定进行复验，并应经监理工程师检查认可。符合下列条件之一时，可适当调整抽样复验、试验数量：

    1) 同一项目中由相同施工单位安装的多个单位工程，使用同一生产厂家的同品种、同规格、同批次的材料、构配件、设备；

    2) 同一施工单位在现场加工的成品、半成品、构配件用于同一项目中的多个单位工程；

    3) 在同一项目中，针对同一抽样对象已有检验成果可以重复利用。

    3 每道安装工序完成后，经自检符合规定后，才能进行下道工序安装;各专业工种之间的相关工序应进行交接检验,并应记录。

    4 隐蔽工程应经监理工程师检查认可,才能进行下道工序安装。

5.1.5 装配式内装工程完工后,在不影响其他工程安装时,可提前进行此部分的工程质量分户验收。

5.2 安装准备

5.2.1 总包单位应按其划分的施工段,在满足主体结构分段验收条件时及时组织验收,验收合格后,合理组织装配式内装的流水作业。

5.2.2 应选择有代表性的空间单元和主要部品进行工艺样板间或样板试安装,并应根据试安装结果及时调整安装工艺、完善安装方案,且应经各方确认。

5.2.3 应根据确定的基本公差等级要求完成测量放线,通过测量归尺与公差配合,保障部品间的配合为间隙配合,并设置部品安装定位标识。

5.2.4 内装部品进场应符合下列规定:

    1 应遵循安装方案的规定时间,提前制订运输计划及方案,超高、超宽、形状特殊的大型部品的运输和码放应采取质量安全保证措施。

    2 进场内装部品应提供编码信息、合格证、产品质量保证文件及形式检验报告,以及必要的安装指导手册说明书。合格证应标注产品相关信息,且应按部品编码进行进场检验,其品种、规格、性能和外观应符合设计要求及国家现行有关标准的规定。

    3 凡涉及安全、节能、环境保护和主要使用功能的重要材料、部品,应按各专业相应验收规范和设计文件等规定进行复验,应经监理工程师检查认可,应形成相应的验收记录。

4 部品存放场地应平整坚实,并按部品的保管技术要求采取相应的消防安全、防雨、防潮、防暴晒、防污染等措施。

5 部品堆放应按照种类、安装顺序、安装位置分类堆放,存放区域宜实行分区管理和信息化台账管理。码垛方式应依部品的结构特性及包装要求堆放,以避免部品变形或损坏。

6 安装现场二次搬运、分料到位时,应提前查勘场地条件并进行处理,确保卸载工具及转运工具顺利通行,部品宜由机械化工具运输上楼,减少人工消耗。

5.3 内装部品安装

Ⅰ 装配式隔墙及墙面

5.3.1 装配式隔墙安装前应结合集成式厨房、集成式卫生间及收纳部品采用界面放线法放控制线;按设计的公差配合要求,保证相关部品的配合尺寸为间隙配合。

5.3.2 骨架隔墙板的安装应符合下列规定:

1 顶、地龙骨及边框龙骨应与结构体连接牢固,并应垂直、平整、位置准确,龙骨与结构体的固定点间距不应大于 0.5 m。

2 安装轻钢龙骨的横贯通龙骨时,隔墙高度 3 m 以内的不少于两道,3~5 m 以内的不少于三道。支撑卡安装在竖向龙骨的开口一侧,其间距同竖向龙骨间距。

3 门、窗洞口的竖向轻钢龙骨应进行合抱加固。

4 面板宜沿竖向铺设,长边接缝应安装在竖向龙骨上。当采用双层面板安装时,上、下层板的接缝应错开,不得在同一根龙骨上接缝。钉距 150~200 mm,螺钉应与板面垂直。自攻螺钉距纸面石膏板边距包封边(长边)10~15 mm,距切割边(短边)15~20 mm。钉头略埋入板面,但不能致使板材纸面破损。自攻螺钉进入轻钢龙骨的深度不应小于 10 mm;在装钉操作中如出现有弯曲变形的自攻螺钉,则应予剔除,在相隔 50 mm 的部位另安装自攻螺钉。

    5 板材固定的钉眼应做相应防锈处理。

    6 纸面石膏板的拼接缝处,必须安装在宽度不小于 40 mm 的 T 形龙骨上,其短边必须采用错缝安装,错开距离应不小于 300 mm,板材接缝留 5~8 mm 缝隙,并嵌缝,且使用纸带或网格布做接缝处理。

5.3.3 条板墙板的安装应符合下列规定:

    1 条板墙板与顶、地连接牢固。

    2 应避免在安装现场对主墙板开槽、打孔。

    3 主墙板高度不大于 4 m 时,下端可用木楔临时固定,留缝隙 20~30 mm,缝隙应采用专用浆料填实,木楔在填补砂浆硬结取出后,应用同质浆料填实;主墙板高度大于 4 m 或有较高构造要求时,上下均应有配件固定。

    4 条板墙板的墙端部为一字墙时,端部宜用整板。

5.3.4 装配式隔墙安装同时应符合下列规定:

    1 隔墙高度超过 3 m 以上的必须有竖向的加固件进行加固。

    2 墙体工程的变形缝处理应保证缝的使用功能和饰面完整性。

    3 装配式墙板接缝及墙面上不同材料交接处缝隙宜做封闭处理。

    4 隔墙局部固定较重设备和饰物时,应采用加强龙骨或预埋安装加固件,并与主龙骨或者主体墙板采取可靠连接。单点吊挂力满足 20 kg 的要求。

    5 墙体饰面板上的开关、线盒、插座、检修口等设备的位置应按设计文件的规定进行布置,与饰面板交接处应严密。

    6 安装带饰面的轻质内隔墙系统时,应注意安装顺序及成品保护。

7 装配式墙面的玻璃安装应安全、牢固、不松动,玻璃板结构胶和密封胶的打注应饱满、密实、平顺、连续、均匀、无气泡。

Ⅱ 装配式吊顶

5.3.5 吊顶安装应符合现行国家标准《建筑装饰装修工程质量验收标准》GB 50210、《建筑用集成吊顶》JG/T 413 的相关规定。

5.3.6 吊顶安装工程应在确定的主龙骨位置放顶面吊杆控制线,并应在吊顶周边放高程控制线。吊杆沿吊杆控制线布置,主吊杆垂直,间距 0.8~1.2 m。

5.3.7 吊顶内设备与管线应单独设置支吊架,并与吊顶吊杆避让。

5.3.8 吊挂件、龙骨安装应采用机械连接方式,主龙骨悬挑长度不应大于 0.3 m。主龙骨对接接长时,相邻主龙骨接头相互错开,安装牢固;龙骨按设计要求调整平直,面板拼缝符合设计要求。

5.3.9 吊顶面板安装时,相关的部品应按设计文件规定同步安装。

Ⅲ 装配式地面

5.3.10 装配式地板安装前应在地面放中心十字控制线,依照活动地板的尺寸,排出地板支架组件位置控制线,在四周墙面放横梁高程控制线,完成面标高控制线。

5.3.11 装配式地板内设备与管线应与地板支架组件位置控制线避让安装,并完成隐蔽验收。

5.3.12 装配式地板支架组件应为金属制品,支座柱应可调节,支座柱与横梁采用机械连接方式连接,保持整体性,支架组件按控制线高度调平。

5.3.13 装配式地板基板及复合地暖管线的基板应与支撑架连接牢固、平整。

5.3.14 装配式地板安装与基板连接牢固,拼缝符合设计要求。

Ⅳ 集成式厨房

5.3.15 集成式厨房安装应符合下列规定:

　　1 集成式厨房安装墙板前,应对与墙体结构连接的吊柜、电器、燃气表等部品前置预埋安装加固件,并做荷载试验;

　　2 集成式厨房的墙面、台面及管线部件安装应在连接处密封处理。

Ⅴ 集成式卫生间

5.3.16 集成式卫生间安装应符合下列规定:

　　1 防水底盘的安装位置和地板标高应符合设计要求,并保证各类接口位置正确,调整平稳;

　　2 安装内壁板,连接各类管线并固定牢固;

　　3 各类管线隐蔽检查,安装外壁板。

5.3.17 集成式卫生间地面与基层之间的漏水检测设施应按设计要求安装。

Ⅵ 收纳部品

5.3.18 吊挂收纳部品的预埋加固措施应验收合格。

5.3.19 收纳部品的造型、安装位置及方法应符合设计要求,且安装牢固。配件的品种、规格应符合设计要求,配件齐全,安装牢固。

5.3.20 收纳部品的柜门和抽屉应开关灵活,回位正确,无翘曲、回弹现象。

5.3.21 收纳部品的收口方式符合设计要求。有溅水部位的收口应严密。

Ⅶ 内门窗

5.3.22 门窗框(套)与墙体之间的安装孔应与预制埋件对应准确,门窗框应保持水平与垂直,垂直方向的允许偏差应为 10 mm,水平方向的允许偏差应为 10 mm。缝隙应采用弹性材料填嵌饱满,并用密封胶密封。

5.3.23 同一规格的门窗拼樘敞口尺寸一致,固定方法应符合设计要求,安装牢固。同一套内的门高度一致,横框标高允许偏差 5 mm。

5.3.24 门窗扇五金件安装齐全,位置正确。

5.3.25 入户门扇与地面间留缝符合设计要求,室内门扇与地面间留缝 4~8 mm。

5.4 设备和管线

5.4.1 设备和管线的安装应符合设计文件和现行国家标准的规定。

5.4.2 设备和管线需要与建筑结构构件连接固定时,应按设计要求采用机械连接等工业化方式,不得影响结构构件和装饰部品的完整性和结构安全性。

5.4.3 机电设备及管线安装完成后,应对系统进行试验和调试,暗敷在轻质墙体、架空地板和吊顶内的管线、设备,须在验收合格后方可隐蔽,并做好文件记录。

5.4.4 燃气管道安装工程必须符合有关安全管理的规定。

5.4.5 管线穿过隔墙的孔洞应采取有效封堵措施,并满足隔声和防火的要求。

5.4.6 安装于同一吊顶或架空地板内的管线有交叉时,应遵循电气管线在给水排水管道之上,冷、热水管道在排水管道之上。

5.4.7 室内给水排水管道,卫生器具及配件的品种、材质、规格、

安装位置和固定方法等应符合设计要求,并应符合下列规定:

    1 各配水点位置正确,冷、热水出水口左热右冷,中心间距为150 mm,管道与管件连接处应采用管卡固定牢固,接口严密、无渗漏。

    2 当给水管道采用集分水器时,分水器至各卫生器具和配水点的分支管道中间均不应有接头。

    3 室内排水管道及管件的品种、材质、规格应符合设计要求。管位、标高和坡度应符合设计要求,排水横管不得无坡度或倒坡。

    4 卫生器具给水配件安装应牢固,接口严密,启闭灵活。卫生器具排水配件应完好,其固定支架、管卡等支撑位置应正确、牢固,无损伤,排水配件与排水管接口密封严密。构造内无存水弯的卫生器具与排水管道连接时,在排水口以下应设存水弯,其水封深度不得小于 50 mm,严禁有双水封现象。

5.4.8 供暖系统安装应符合下列要求:

    1 干式工法低温辐射供暖系统的分水器、集水器的总进出水管材质、管径、阀门、过滤器、温控阀、泄水阀及总出水管之间的旁通管的设置应符合设计要求。地暖模块与楼地面连接应牢固,无松动;每一个分支环路应由一根完整的管段敷设而成,敷设于地暖模块内管道不应有接头,地暖加热管弯曲部分曲率半径不应小于管道外径的 8 倍。

    2 散热器供暖的供暖系统供回水环路管道材质、管径及控制阀件型号规格等应符合设计要求,安装位置正确;散热器水平支管坡向应有利于排气,且坡度应为 1%。散热器固定牢固,无松动,管卡位置合理。

    3 温控器附近应无散热体、遮挡物。安装应平整,无损伤,运行正常。

5.4.9 室内新风、排风系统安装应符合下列要求:

    1 厨房、卫生间排烟气道的防火与止回阀安装方向应正确,四周密封严密。

2 新风(换气)机的种类、规格、技术性能及安装位置应符合设计要求,其安装应牢固,减振措施或隔振措施齐全;运行无异响,噪声应符合设计要求。

3 风管安装应可靠固定;与新风分配器和新风口的连接处应严密、可靠,柔性风管不应扭曲、塌陷。孔洞的水平段应留有1%~2%的坡度坡向室外。

5.4.10 空调安装应符合下列要求:

1 室外机底座与混凝土基础平台或型钢基础平台应连接可靠,并有减振措施或隔振措施;室外机金属外壳应接地可靠,并应采取防雷保护措施,标识清晰。

2 风机盘管的安装位置应正确,吊装的室内机底座应采用双螺母固定牢固。室内机送风口与装饰风口应采用软接连接,并连接可靠。

3 冷媒管道、冷凝水管道及管件和阀门的类别、材质、管径、壁厚等应符合设计要求,且管道支架、吊架的形式、位置、间距、标高及坡度等应符合设计要求。

4 冷媒管道、冷凝水管道的绝热层、绝热防潮层和保护层,应采用不燃或难燃材料,材质、密度、规格与厚度应符合设计要求。

5.4.11 空腔层内敷设的电线应穿保护导管防护,保护导管与终端线盒连接可靠,并应符合下列规定:

1 敷设在架空层、隔墙夹层、吊顶内的导管或线槽,应采用专用管卡固定在吊杆、龙骨或建筑物上。钢结构建筑吊杆不得熔焊在钢架构件上。

2 金属导管、塑料导管,管与管、管与盒(箱)体的连接接口应选用配套部件或专用接口,其连接应符合相关产品技术文件要求;导管与导管、导管与盒(箱)体接口应牢固密封。

3 采用套接紧定式导管(JDG)时,连接处(位置)紧钉丝齐全,且应拧紧钉丝至螺帽自动脱断。

    4 JDG 导管末端与灯具盒、开关盒、插座盒及接线盒等采用可弯曲金属导管或金属柔性导管过渡时,其连接件应选用配套部件,且金属柔性导管不应做保护导体的接续导体。其保护联结导体应为铜芯软导线,截面面积不应小于 4 mm^2。

    5 暗配的导管经过空腔层与终端线盒连接时,此段宜采用可弯曲金属导管或金属柔性导管敷设。骨架隔墙上的线盒应固定牢固,线盒沿口与完成面平齐。

    6 导管宜排列整齐、固定点间距均匀;在距终端、弯头中点或柜、台、箱、盘等边缘 150~500 mm 范围内应设有固定管卡。

    7 塑料导管应选用中型以上性能,管与管、管与盒(箱)等器件连接应采用专业接头,连接处结合面应涂专用胶粘剂,接口应牢固密封。

5.4.12 户内配电箱内接线应符合下列要求:

    1 户内配电箱应有可靠的防电击措施。

    2 各用电回路的导线型号、规格(截面面积)、绝缘层颜色(色标)及回路编号应正确。无绞接现象,不伤线芯,导线连接应紧密。多芯线不应断股,与插接式端子连接端部应拧紧搪锡。

    3 同一电器器件端子上的导线连接不应多于 2 根,截面面积应相同,防松垫圈等零件应齐全;中性线(N)和保护接地线(PE)应经汇流排连接,不同回路的中性线(N)或保护接地线(PE)不应连接在汇流排同一端子上。

5.4.13 末端配电箱配出各配线回路的绝缘导线接线应符合下列规定:

    1 绝缘导线的分线、接线应在开关盒、插座盒、接线盒或器具内完成,不得设置在导管和槽盒内。

    2 绝缘导线分线接头应采用导线连接器连接,且导线截面相应与导线连接器匹配;绝缘导线分线接头采用缠绕搪锡连接时,连接头应采取可靠绝缘措施。

3 安装在装饰面上的开关、插座及灯具,其绝缘导线不得裸露在装饰层内。

5.4.14 灯具、开关及插座安装应符合下列规定:

1 Ⅰ类灯具外露可导电部分必须采用铜芯软导线与保护导体可靠连接,连接处应设置接地标识,铜芯软导线的截面面积应与进入灯具的电源线截面面积相同。

2 灯具与感烟探测器、喷头、可燃物之间的安全距离应符合设计要求。可燃装饰面不宜安装嵌入式射灯、点光源等高温灯具。

3 开关的型号、规格、安装位置、回路数及控制应符合设计要求,且应与户内配电箱回路的标识一致,单控开关的通断位置应一致。多联开关控制有序、不错位。

4 插座的型号、规格、安装位置、回路数及控制应符合设计要求,且应与户内配电箱回路的标识一致。单相两孔插座,面对插座的右孔或上孔应与相线连接,左孔或下孔与中性导体(N)连接;对于单相三孔插座,面对插座的右孔应与相线连接,左孔与中性导体(N)连接;单相三孔、三相五孔插座的保护接地导体(PE)应接在上孔。插座的保护接地导体端子不得与中性导体端子连接。同一户内的三相插座,其接线的相序应一致;保护接地导体(PE)在插座间不得串联连接;相线与中性导体(N)不应利用插座本体的接线端子转接供电。

5.4.15 设有洗浴设备的卫生间局部等电位端子箱的设置、与末端器具的连接方式、材料及截面面积应符合设计要求。

5.4.16 室内智能化安装应符合下列规定:

1 家居配线箱规格、型号及安装位置应符合设计要求。部件齐全,安装牢固。线缆接线牢固,排线规整,标识清晰。

2 电话插座、信息插座、电视插座的型号、规格、安装位置和数量应符合设计要求。线缆与电话插座、信息插座、电视插座连接正确、可靠。

3 对讲系统室内机的功能、安装位置应符合设计要求。对讲系统语音、图像应清晰,并与管理机联动正常。

4 户内报警控制系统的功能、安装位置应符合设计要求。布撤防、报警和显示记录等功能应准确可靠。

5 可燃气体泄漏报警探测器的安装位置应符合设计要求。

6 智能家居系统的功能、安装位置应符合设计要求。

7 智能家居控制系统对户内受控设施、设备的控制动作应准确可靠。

5.5 成品保护

5.5.1 装配式内装成品保护应符合现行行业标准《建筑装饰装修工程成品保护技术标准》JGJ/T 427 的相关规定。

5.5.2 各工序安装前,检查部品完好性,应保证前道已完成工序的成品保护。

5.5.3 全部工序安装完成后,应对现场进行彻底清洁,拆除木地板、木饰面、布艺等易吸潮霉变部品的包覆材料,且应定期通风换气,避免对成品的污染和损坏。

6 质量验收

6.1 一般规定

6.1.1 装配式内装工程的质量验收应符合《建筑工程施工质量验收统一标准》GB 50300 等国家现行标准的规定。

6.1.2 装配式内装工程宜按下列规定进行划分,并形成质量验收记录:

    1 子分部、分项工程宜按本标准附录 B 进行;

    2 装配式内装分部完成后宜按本标准附录 C 形成工程质量验收意见;

    3 检验批可根据质量控制和专业验收的需要,按单元、楼层进行划分,验收时按本标准相应附录的规定填写。

6.1.3 装配式内装工程每个检验批应按套型至少抽查 10%,并不得少于 3 套,不足 3 套时应全数检查。

6.1.4 装配式内装工程安装过程中应及时进行质量检查、隐蔽验收,并形成记录。

6.1.5 装配式内装工程完工后,工程技术资料应整理完整,单独成卷成册,并汇总至整体工程资料。

6.1.6 装配式内装工程的室内环境质量检测应委托具有相应资质的检测机构进行。

6.2 装配式隔墙及墙面

Ⅰ 主控项目

6.2.1 装配式骨架隔墙所用的预设连接件、龙骨的材质、规格、安装间距、连接方式应符合设计要求。边框龙骨与预设连接件连接位置准确,安装牢固。

检验方法:手扳检查,检查隐蔽工程验收记录和施工记录。

6.2.2 隔墙填充材料的隔声、隔热、防潮及燃烧性能等符合设计要求,材料应有相应性能等级的检测报告。

检验方法:查看合格证、检测报告。

6.2.3 装配式骨架隔墙上固定或吊挂重物、门窗洞口、墙体转角连接处等部位的加强措施应符合设计要求。

检验方法:隐蔽工程验收记录和施工记录。

6.2.4 装配式墙面的基层板、饰面板的品种、规格、颜色、性能和燃烧等级、甲醛释放量、放射性等应符合设计要求。基层板与龙骨连接牢固。饰面板与基层板之间应连接牢固,无松动、翘曲变形、裂缝和缺损。

检验方法:观察、手扳检查;检查进场验收记录、隐蔽工程验收记录和施工记录。

6.2.5 装配式条板隔墙的品种、规格、连接方式应符合设计要求,位置准确,安装牢固。

检验方法:手扳检查;检查现场拉拔检测报告、隐蔽工程验收记录和施工记录。

6.2.6 装配式条板隔墙吊挂重物和设备的加强措施应符合设计要求。

检验方法:检查现场拉拔检测报告、隐蔽工程验收记录和施工记录。

6.2.7 装配式条板隔墙饰面板的品种、规格、颜色、性能和燃烧等级、甲醛释放量、放射性等应符合设计要求和国家现行标准的规定。饰面板与条板隔墙之间应连接牢固,无松动、缺损。

检验方法:观察、手扳检查;检查进场验收记录和施工记录。

Ⅱ　一般项目

6.2.8 装配式骨架隔墙内的填充材料应干燥,填充应饱满、密实、均匀、无下坠。

　　检验方法:轻敲检查;检查隐蔽工程验收记录。

6.2.9 装配式隔墙饰面层表面应洁净、平整、色泽一致、无划痕,带纹理饰面板朝向应一致,阴阳角应顺直。

　　检验方法:观察检查。

6.2.10 装配式隔墙饰面层上的孔洞、槽、盒应位置正确、套割方正、边缘整齐。

　　检验方法:观察检查。

6.2.11 装配式骨架隔墙的允许偏差和检验方法应符合表 6.2.11 的规定。

表 6.2.11　装配式骨架隔墙的允许偏差和检验方法

项次	项目	允许偏差(mm)		检验方法
		纸面石膏板	人造木板、纤维增强硅酸钙板、纤维增强水泥板	
1	立面垂直度	2.0	2.0	2 m 垂直检测尺检查
2	表面平整度	1.5	1.5	2 m 靠尺和塞尺检查
3	阴阳角方正	3.0	3.0	直角检测尺检查
4	接缝高低差	0.5	0.5	钢直尺和塞尺检查
5	饰面层接缝直线度	—	1.5	拉 5 m 线,不足 5 m 拉通线,钢直尺检查
6	压条直线度	—	1.5	拉 5 m 线,不足 5 m 拉通线,钢直尺检查

6.2.12 装配式条板隔墙的允许偏差和检验方法应符合表6.2.12的规定。

表6.2.12 装配式条板隔墙的允许偏差和检验方法

项次	项目	允许偏差(mm)	检验方法
1	立面垂直度	2.0	2 m垂直检测尺检查
2	表面平整度	1.5	2 m靠尺和塞尺检查
3	阴阳角方正	3.0	直角检测尺检查
4	接缝高低差	0.5	钢直尺和塞尺检查
5	饰面层接缝直线度	1.5	拉5 m线,不足5 m拉通线,钢直尺检查

6.2.13 装配式隔墙饰面层的允许偏差和检验方法应符合表6.2.13的规定。

表6.2.13 装配式隔墙饰面层的允许偏差和检验方法

项次	项目	允许偏差(mm)	检验方法
1	立面垂直度	2.0	2m垂直检测尺检查
2	表面平整度	1.5	2 m靠尺和塞尺检查
3	阴阳角方正	3.0	直角检测尺检查
4	接缝直线度	2.0	拉5 m线,不足5 m拉通线,钢直尺检查
5	接缝高低差	0.5	钢直尺和塞尺检查
6	接缝宽度	1.0	钢直尺检查

6.3 装配式吊顶

I 主控项目

6.3.1 吊顶工程所用的预设连接件、支吊架、龙骨等的材质、规格、安装间距、连接方式应符合设计要求。吊顶支吊架、龙骨安装应牢固。

检验方法:观察、尺量检查、检查产品合格证书、进场验收记录、隐蔽工程验收记录和施工记录,查看设计文件。

6.3.2 吊顶工程所用饰面板的材质、品种、图案颜色、机械性能、燃烧性能等级及污染物浓度检测报告应符合设计要求。安装牢固、可靠,无翘曲变形、裂缝和缺损。当饰面板为其他易碎或重型部品时,应有可靠的安全措施。

检验方法:观察、手扳检查、尺量检查。检查产品合格证书、性能检测报告、进场验收记录和复验报告,查看设计文件。

6.3.3 吊顶标高、尺寸、起拱及造型应符合设计要求。

检验方法:观察、尺量检查,查看设计文件。

Ⅱ 一般项目

6.3.4 饰面板表面应平整、洁净,无明显色差。阴阳角应顺直。线条接缝平顺、接口平滑。

检验方法:观察检查。

6.3.5 吊顶板上的灯具、感烟探测器、喷淋头、风口等相关设备安装的位置应正确,与饰面板的交接应吻合、严密。

检验方法:观察检查。

6.3.6 装配式吊顶的允许偏差和检验方法应符合表6.3.6的规定。

表6.3.6 装配式吊顶的允许偏差和检验方法

项次	项目	允许偏差(mm)			检验方法
		纸面石膏板	金属板	木板、人造木板	
1	表面平整度	3.0	2.0	2.0	2m靠尺和塞尺检查
2	接缝直线度	3.0	1.5	3.0	拉5m线,不足5m拉通线用钢直尺检查
3	接缝高低差	1.0	1.0	1.0	钢直尺和塞尺检查

6.4 装配式地面

I 主控项目

6.4.1 装配式地面所用可调节支撑件、基层衬板、面层材料的品种、规格、性能、承载力等应符合设计要求,地面辐射供暖面层的耐热性、热稳定性、防水、防潮、防霉变等性能应符合设计要求。

检验方法:观察检查;检查产品合格证书、性能检测报告和进场验收记录。

6.4.2 卫生间、公共盥洗间及开水间防止水进入架空层的措施应符合设计要求。同层排水采取的防止漏水、凝水及积水排出构造措施应符合设计要求。

检验方法:观察检查,检查隐蔽验收记录。

6.4.3 装配式地面面层应安装牢固、无松动,走动无异响,无裂纹、缺棱、掉角等现象。

检验方法:观察检查,踩踏、行走检查。

6.4.4 装配式地面与周边墙体之间的伸缩缝隙应符合设计要求。

检验方法:查看设计文件,尺量检查。

6.4.5 卫生间、公共盥洗间及开水间等有排水要求的面层与相连接各类面层的高差应符合设计要求。面层坡度、坡向应正确,不应倒泛水、积水。面层与地漏、管道结合处应密封严密、无渗漏。

检验方法:尺量、泼水、观察检查。

II 一般项目

6.4.6 装配式地面面层表面应洁净、平整、色泽一致、无划痕。拼缝均匀一致、平直。边角应整齐、光滑。

检验方法:观察检查。

6.4.7 装配式地面与其他面层连接处、收口处和墙边、柱子周围应顺直、紧密。

检验方法:观察检查。

6.4.8 踢脚板表面应光滑,高度及凸墙厚度应一致,与地面交接应紧密,缝隙应顺直。

检验方法:观察检查;尺量检查。

6.4.9 装配式地面面层的允许偏差和检验方法应符合表 6.4.9 的规定。

表 6.4.9 装配式地面面层的允许偏差和检验方法

项次	项目	允许偏差(mm)		检查方法
		木、竹、地砖	石材	
1	表面平整度	2.0	1.0	2 m 靠尺和塞尺检查
2	接缝高低差	0.5		钢尺和塞尺检查
3	表面格缝平直	2.0		拉 5 m 通线,不足 5 m 拉通线和钢尺检查
4	板块间隙宽度	0.5		钢尺检查
5	踢脚线上口平直	2.0		拉 5 m 通线,不足 5 m 拉通线和钢尺检查
6	踢脚线与面层接缝	1.0		楔形塞尺检查

6.5 集成式厨房

I 主控项目

6.5.1 集成式厨房围护部品、空间尺寸、布置形式符合设计要求。与预设连接件连接位置准确,安装牢固。

检验方法:查看设计文件,观察、尺量、手扳检查,检查产品合格证书、进场验收记录、隐蔽工程验收记录。检查相关资料。

6.5.2 集成式厨房的橱柜、五金配件等规格、造型、防水、防腐、防霉等性能应符合设计要求。橱柜安装应牢固,柜门和抽屉应开关灵活,回位正确,无翘曲、回弹现象。

检验方法:查看设计文件,观察、手扳、开关检查,检查产品合格证书、进场验收记录、隐蔽工程验收记录。

6.5.3 集成式厨房给水排水、排烟、电器及设备设施的型号、安装位置、尺寸、连接方法应符合设计要求。与管线接口位置、数量、尺寸符合设计要求。安装牢固、严密。厨房设备运行及功能转换正常。

检验方法:观察、试运行检查、尺量检查;检查隐蔽工程验收记录和施工记录。

6.5.4 集成式厨房吊装或悬挂部品的加强措施应符合设计要求。

检验方法:检查现场拉拔检测报告、隐蔽工程验收记录和施工记录。

6.5.5 户内燃气管道与燃气灶具的安装应符合《城镇燃气技术规范》GB 50494 的要求。

检验方法:观察、手试等检查。

Ⅱ 一般项目

6.5.6 集成式厨房各界面应洁净、平整、色泽一致、无划痕。
检验方法:观察检查。

6.5.7 集成式厨房橱柜与空间内的公差应符合设计要求。
检验方法:观察、手试检查。

6.5.8 橱柜安装的允许偏差、检验方法应符合表 6.5.8 的规定。

表 6.5.8　橱柜安装的允许偏差和检验方法

项次	项目	允许偏差（mm）	检验方法
1	橱柜外形尺寸	±1.0	钢尺检查
2	橱柜对角线长度之差	3.0	钢尺检查
3	橱柜立面垂直度	2.0	1m 垂直检测尺检查
4	橱柜门与框架平行度	2.0	钢尺检查
5	橱柜部件相邻表面高差 *	1.0	钢直尺和塞尺检查
6	相邻橱柜层错位、面错位	1.0	钢直尺和塞尺检查
7	部件拼角缝隙高差	0.5	钢直尺和塞尺检查
8	台面高度	10.0	钢尺检查
9	嵌式灶具中心线与吸油烟机中心线偏移	20.0	钢尺检查

注：* 指的是橱柜门与框架、门与门相邻表面、抽屉与框架、抽屉与门、抽屉与抽屉等部件的相邻表面高差。

6.5.9　橱柜安装的留缝限值和检验方法应符合表 6.5.9 的规定。

表 6.5.9　橱柜安装的留缝限值和检验方法

项次	项目	留缝限值（mm）	检验方法
1	部件拼角缝隙宽度	0.5	钢直尺检查
2	橱柜门与柜体缝隙宽度	2.0	钢直尺检查
3	后挡水与墙面缝隙宽度	2.0	钢直尺检查
4	灶具离墙间距	200.0	钢直尺检查

6.6 集成式卫生间

6.6.1 集成式卫生间的功能、配置、布置形式及内部尺寸应符合设计要求。

检验方法:观察、尺量检查。

6.6.2 集成式卫生间墙、顶、地材料的材质、品种、规格、图案、颜色应符合设计要求。所用金属型材、支撑构件的防锈蚀性能符合设计要求。底板、壁板和顶板安装牢固,位置正确,板块拼缝严密。地面坡向、坡度正确,无积水。

检验方法:观察;检查产品合格证书、进场验收记录、设计图纸。

6.6.3 集成式卫生间所选用部品、卫生器具、设施设备等的规格、型号、外观、颜色、性能、连接方法等应符合设计要求。与管线接口的位置、数量、尺寸符合设计要求。安装牢固、严密。

检验方法:观察、手试、尺量检查,检查产品合格证书、形式检验报告、产品说明书、安装说明书、进场验收记录和性能检验报告。

6.6.4 集成式卫生间安装完成后应做闭水试验和通水试验,各连接件不渗不漏,通水试验给水、排水畅通。

检验方法:观察;闭水试验、通水试验。

6.6.5 集成式卫生间地面与基层之间的漏水检测措施应符合设计要求。

检验方法:观察检查,检查隐蔽验收记录。

Ⅱ 一般项目

6.6.6 集成式卫生间墙、顶、地材料表面应洁净、平整、色泽一致、无划痕,不得有翘曲、裂缝及缺损。带纹理饰面板朝向应一致,拼缝均匀一致、严密。

　　检验方法:观察检查。

6.6.7　集成式卫生间部品、卫生器具、设施设备表面应洁净、平整、色泽一致、无划痕。

　　检验方法:观察检查。

6.6.8　集成式卫生间的卫生器具、灯具、风口、检修口等部品、设备与面板交接吻合,交接线清晰、美观。

　　检验方法:观察检查。

6.6.9　集成式卫生间安装的允许偏差和检验方法应符合表 6.6.9 的规定。

表 6.6.9　集成式卫生间安装的允许偏差和检验方法

项目	允许偏差(mm)			检验方法
	防水盘	壁板	顶板	
内外设计标高差	2.0	—	—	钢直尺检查
阴阳角方正	—	3.0	—	200 mm 直角检测尺检查
立面垂直度	—	2.0	—	2 m 垂直检测尺检查
表面平整度	—	1.5	1.5	2 m 靠尺和塞尺检查
接缝高低差	—	0.5	0.5	钢直尺和塞尺检查
接缝宽度	—	0.5	0.5	钢直尺检查

6.6.10　集成式卫生间部品、设备安装的允许偏差和检验方法应符合表 6.6.10 的规定。

表 6.6.10 集成式卫生间部品、设备安装的允许偏差和检验方法

项次	项目	允许偏差(mm)	检验方法
1	卫浴柜外形尺寸	3.0	钢直尺检查
2	卫浴柜两端高低差	2.0	水准线或尺量检查
3	卫浴柜立面垂直度	2.0	1 m 垂直检测尺检查
4	卫浴柜上、下口平直度	2.0	1 m 垂直检测尺检查
5	部品、设备坐标	10.0	拉线、吊线和尺量检查
6	部品、设备标高	±15.0	拉线、吊线和尺量检查
7	部品、设备水平度	2.0	水平尺和尺量检查
8	部品、设备垂直度	2.0	吊线和尺量检查

6.7 收纳部品

I 主控项目

6.7.1 收纳部品制作与安装所用材料的材质、规格、性能、有害物质限量及木材的燃烧性能等级和含水率应符合设计要求及国家现行标准的有关规定。

检验方法:观察;检查产品合格证书、进场验收记录、性能检验报告和复验报告。

6.7.2 收纳部品的造型、安装位置及方法应符合设计要求。安装必须牢固。

检验方法:观察、手试检查。

6.7.3 收纳部品配件的品种、规格应符合设计要求。配件应齐全,安装应牢固。

检验方法:观察、手扳检查;检查进场验收记录。

6.7.4 收纳部品安装预埋件或后置埋件的数量、规格、位置应符

合设计要求。

检验方法:检查隐蔽工程验收记录和施工记录。

6.7.5 收纳部品的柜门和抽屉应开关灵活,回位正确,无翘曲、回弹现象。

检验方法:观察、开关检查。

Ⅱ 一般项目

6.7.6 收纳部品表面应平整、洁净、色泽一致,不得有划痕、翘曲及损坏。

检验方法:观察检查。

6.7.7 收纳部品安装的允许偏差和检验方法应符合表 6.7.7 的规定。

表 6.7.7 收纳部品安装的允许偏差和检验方法

项次	项目	允许偏差(mm)	检验方法
1	外形尺寸	3.0	钢尺检查
2	对角线长度之差	3.0	钢尺检查
3	立面垂直度	2.0	1 m垂直检测尺检查
4	门与框架平行度	2.0	钢尺检查
5	部件相邻表面高差*	1.0	钢直尺和塞尺检查
6	部件拼角缝隙高差	0.5	钢直尺和塞尺检查
7	收纳部品与墙体的平行度	2.0	钢尺检查

注:*指的是门与框架、对开门相邻表面、抽屉与框架、抽屉与门、抽屉与抽屉等部件的相邻表面高差。

6.7.8 收纳部品安装的留缝限值和检验方法应符合表 6.7.8 的规定。

表 6.7.8　收纳部品安装的留缝限值和检验方法

项次	项目	留缝限值(mm)	检验方法
1	部件拼角缝隙宽度	0.5	钢直尺检查
2	门与柜体缝隙宽度	2.0	钢直尺检查

6.8　内门窗

Ⅰ　主控项目

6.8.1　门窗品种、类型、规格、尺寸、开启方向、安装位置、连接方式及性能应符合设计要求。

　　检验方法:观察、尺量检查;检查产品合格证书、性能检验报告、进场验收记录和复验报告;检查隐蔽工程验收记录。

6.8.2　门窗框(套)与墙体之间的安装孔应与预制连接件对应准确,门窗框应保持水平与垂直,安装牢固。

　　检验方法:观察、手扳检查;检查隐蔽工程验收记录。

6.8.3　门窗扇安装应牢固。开关灵活、关闭严密、无倒翘。

　　检验方法:观察、手扳检查、启闭检查。

6.8.4　门窗扇五金件的型号、规格和数量应符合设计要求,安装应牢固,位置应正确,功能应满足使用要求。

　　检验方法:观察、手扳检查、启闭检查。

Ⅱ　一般项目

6.8.5　门窗表面应洁净、平整、光滑,无明显碰伤、划痕。

　　检验方法:观察检查。

6.8.6　门窗扇的橡胶密封条应安装完好。

　　检验方法:观察检查。

6.8.7 门窗安装的允许偏差、留缝限值和检验方法应符合表6.8.7的规定。

表 6.8.7　门窗安装的允许偏差、留缝限值和检验方法

项次	项目	留缝限值 （mm）	允许偏差 （mm）	检验方法
1	门窗框水平度		≤10	水平尺检查
2	门窗框垂直度		≤10	1 m垂直检测尺检查
3	同一套内门横框标高		≤5	水平尺和钢直尺检查
4	室内门扇与地面间留缝	4~8		钢直尺或塞尺检查

6.9　设备和管线

Ⅰ　内装给水排水

主控项目

6.9.1 室内给水管道的品种、材质、规格等应符合设计要求,并应符合下列规定:

1 各配水点位置正确,冷、热水出水口左热右冷,中心间距为150 mm,管道与管件连接处应采用管卡固定牢固,接口严密、无渗漏;

2 当给水管道采用集分水器时,分水器至各卫生器具和配水点的分支管道中间均不应有接头。

检验方法:观察、尺量、手扳检查,查看设计文件,检查隐蔽验收记录。

6.9.2 暗敷的冷、热水管道在隐蔽前应进行水压试验,试验压力符合设计要求。

检验方法:观察、仪表检查。

6.9.3 室内给水管道的消毒及通水试验应符合《建筑给水排水及采暖工程施工质量验收规范》GB 50242 的要求。

检验方法:观察检查、通水试验。

6.9.4 室内排水管道及管件的品种、材质、规格符合设计要求。管位、标高和坡度应符合设计要求,排水横管不得无坡度或倒坡。

检验方法:观察检查。

6.9.5 室内暗设的排水管道在隐蔽前必须做灌水密封性试验,接口应无渗漏。试验合格后,应做好试验记录。

检验方法:观察检查、灌水试验。

6.9.6 安装于同一吊顶或架空地板内的管线有交叉时,应遵循电气管线在给水排水管道之上,冷、热水管道在排水管道之上。

检验方法:观察检查。

一般项目

6.9.7 管道及配件表面应洁净、无损伤。

检验方法:观察检查。

6.9.8 安装在墙壁内套管的两端应与墙完成面平齐,且穿墙套管与管道之间缝隙宜用阻燃密实材料填实,端面应光滑。

检验方法:观察检查。

6.9.9 敷设在吊顶或楼地面架空层内的给水排水管道隔声、减噪和防结露等措施符合设计要求。

检验方法:观察检查。

Ⅱ 卫生器具

主控项目

6.9.10 卫生器具及配件的规格、安装位置和固定方法应符合设计要求。

检验方法:观察、手扳检查。

6.9.11 卫生器具给水配件安装应牢固,接口严密,启闭灵活。

检验方法:观察、手扳检查。

6.9.12　卫生器具排水配件应完好,其固定支架、管卡等支撑位置应正确、牢固,无损伤,排水配件与排水管接口密封严密不漏。构造内无存水弯的卫生器具与排水管道连接时,在排水口以下应设存水弯,其水封深度不得小于 50 mm,严禁有双水封现象。

检验方法:观察、手扳检查、尺量检查。

6.9.13　卫生器具应做满水试验或通水试验。满水后检验各连接部件、连接排水器具的排水管道接口不渗不漏,且溢水口泄水顺畅;排水时应顺畅,无阻滞。

检验方法:通水检查。

6.9.14　地漏设置位置应符合设计要求。地漏箅子应低于相邻的排水地面,平整牢固,排水畅通,周边无渗漏。有水封地漏的水封应构造正确,且水封高度不小于 50 mm,严禁采用活动机械活瓣替代水封,严禁采用钟式结构地漏。

检验方法:观察、尺量检查。

一般项目

6.9.15　卫生器具与墙面、地面交接处的密封胶连续、无破损和污染。

检验方法:观察检查。

6.9.16　卫生器具的金属支、托架必须防腐良好,与卫生器具接触紧密、平稳。

检验方法:观察、手扳检查。

6.9.17　除浴缸的原配管外,浴缸排水应采用硬管连接。有饰面的浴缸,其侧面靠近排水口处应有检修口。

检验方法:观察检查。

6.9.18　卫生器具排水管道安装的允许偏差应符合表 6.9.18 的规定。

表 6.9.18 卫生器具排水管道安装的允许偏差及检验方法

项次	检查项目		允许偏差（mm）	检验方法
1	卫生器具的排水管口及横支管的纵、横坐标	单独器具	10	尺量检查
		成排器具	5	
2	卫生器具的接口标高	单独器具	10	水平尺和尺量检查
		成排器具	5	

Ⅲ 室内供暖

主控项目

6.9.19 采用干式工法低温辐射供暖系统应符合下列要求：

1 基层所用材料的品种、规格、主要技术指标及燃烧性能等应符合设计要求和国家现行相关标准的规定；

2 地暖模块与楼地面连接应牢固,无松动；

3 分水器、集水器（含连接件等）的型号、规格、公称压力及安装位置应符合设计要求,并有产品商标或标识；

4 分水器、集水器的分支环路数、管道材质及管径应符合设计要求,且每一个分支环路应由一根完整的管段敷设而成,敷设于地暖模块内管道不应有接头,地暖加热管弯曲部分曲率半径不应小于管道外径的 8 倍；

5 分水器、集水器的总进出水管材质、管径、阀门、过滤器、温控阀、泄水阀及总出水管之间的旁通管的设置应符合设计要求。

检验方法:进场复验,查看检测报告,观察、尺量检查。

6.9.20 采用散热器供暖的供暖系统应符合下列要求：

1 散热器位置、型号、片数（或尺寸）等应符合设计要求。

2 供回水环路管道材质、管径及控制阀件型号、规格等应符合设计要求,安装位置正确。

3 供回水环路管道出地面或墙面节点均应符合设计要求。

4 散热器水平支管坡向应有利于排气,且坡度应为1%。固定牢固,无松动,管卡位置合理。

5 散热器支、托架数量应符合《建筑给水排水及采暖工程施工质量验收规范》GB 50242 的规定。固定牢固,配件齐全。

检验方法:观察、手扳检查、水压试验检查。

6.9.21 供暖温度控制装置(室内温度控制)和温控器选型及安装位置应符合设计要求。温控器附近应无散热体、遮挡物。安装应平整,无损伤,运行正常。

检验方法:观察检查。

6.9.22 室内供暖管道隐蔽前必须进行水压试验,试验压力应符合设计要求及国家现行相关标准的规定。

检验方法:观察、仪表检查。

一般项目

6.9.23 地暖模块应排列整齐,接缝均匀,周边顺直,面层平整,走动无异响,平整度允许偏差 3 mm。

检验方法:目测检查、尺量检查、行走检查。

6.9.24 散热器表面应洁净、无划痕。散热器背面与完成后的内墙面安装距离宜为 30 mm。

检验方法:观察、尺量检查。

Ⅳ 室内新风、排风

主控项目

6.9.25 厨房、卫生间排烟气道的防火与止回阀功能应符合设计要求。安装方向应正确,四周密封严密;防火与止回部件的产品标识完整清晰,阀片应启闭灵活,回位正确。

检验方法:观察、检查启闭灵敏度。

6.9.26 新风(换气)机的种类、规格、技术性能及安装位置应符合设计要求,其安装应牢固,减振、隔振措施齐全;运行无异响,噪声应符合设计要求。

检验方法:观察、试运行检查。

6.9.27 风管安装应符合下列要求:

1 风管的材料、规格及风管走向应符合设计要求,并应可靠固定;

2 风管与新风分配器和新风口的连接处应严密、可靠,柔性风管不应扭曲、塌陷。

检验方法:观察检查。

6.9.28 风管穿出外墙孔洞位置及节点处理应符合设计要求。孔洞的水平段应留有 1%~2% 的坡度坡向室外,不得出现倒坡现象。

检验方法:观察检查。

一般项目

6.9.29 新风(换气)系统应符合下列规定:

1 风口平整,表面无划伤、缺损,与装饰面交界处衔接自然,无明显缝隙;

2 风口可调节部件动作正常。

检验方法:观察检查。

Ⅴ 空调

主控项目

6.9.30 多联空调机组系统的室内、室外机组的性能、技术参数、安装位置及高度应符合设计要求。

检查方法:观察检查。

6.9.31 室外机底座与混凝土基础平台或型钢基础平台应连接可靠,并有减振措施或隔振措施;室外机金属外壳应接地可靠,并应采取防雷保护措施,标识清晰。室外机的通风条件应良好。

检查方法:观察检查。

6.9.32 风机盘管的安装位置应正确,吊装的室内机底座应采用双螺母固定,固定牢固。室内机送风口与装饰风口应采用软接连接,并连接可靠。设备的检修措施符合设计要求。

检查方法:观察检查,且手动操作检查。

6.9.33 冷媒管道、冷凝水管道及管件和阀门的类别、材质、管径、壁厚等应符合设计要求,且管道支、吊架的形式、位置、间距、标高及坡度等应符合设计要求。

检查方法:观察检查。

6.9.34 冷媒管道、冷凝水管道的绝热层、绝热防潮层和保护层,应采用不燃或难燃材料,材质、密度、规格与厚度应符合设计要求。

检查方法:观察检查。

6.9.35 制冷系统气密性试验、单机及系统联合试运转应符合《多联机空调系统工程技术规程》JGJ 174 的要求。

检查方法:抽查气密性试验、试运转记录。

一般项目

6.9.36 空调系统应符合下列规定:

1 室内风口平整,表面无划伤、缺损,与装饰面交界处衔接自然,无明显缝隙,调节应灵活;

2 空调送风口与感烟探测器最近边的水平距离不应小于1.5 m。

检验方法:观察检查。

Ⅵ 室内电气

主控项目

6.9.37 户内配电箱型号、规格、材质和安装位置应符合设计要求。总开关及各回路的保护电器规格、参数符合设计要求。

检验方法:观察检查。

6.9.38 户内配电箱内接线应符合下列要求：

1 户内配电箱应有可靠的防电击保护措施。

2 各用电回路的导线型号、规格(截面面积)、绝缘层颜色(色标)及回路编号应正确。无绞接现象，不伤线芯，导线连接应紧密。多芯线不应断股，与插接式端子连接端部应拧紧搪锡。

3 同一电器器件端子上的导线连接不应多于2根，截面面积应相同，防松垫圈等零件应齐全。

4 中性线(N)和保护接地线(PE)应经汇流排连接，不同回路的中性线(N)或保护接地线(PE)不应连接在汇流排同一端子上。

检验方法：观察、旋紧检查。

6.9.39 住户(房间)配电箱配出的回路数和电线布线用导管的材质、规格、敷设方式及走向等应符合设计要求，并应符合下列规定：

1 敷设在架空层、隔墙夹层、吊顶内的导管或线槽，应采用专用管卡固定在吊杆、龙骨或建筑物上。钢结构建筑吊杆不得现场熔焊在钢架构件上。

2 金属导管、塑料导管，导管与导管、导管与盒(箱)体的连接接口应选用配套部件或专用接口，其连接应符合相关产品技术文件要求；导管与导管、导管与盒(箱)体接口应牢固密封。

3 采用套接紧定式导管(JDG)时，连接处(位置)紧钉丝齐全，且应拧紧钉丝至螺帽自动脱断。

4 JDG导管末端与灯具盒、开关盒、插座盒及接线盒等采用可弯曲金属导管或金属柔性导管过渡时，JDG导管与金属柔性导管连接应选用配套部件，且金属柔性导管不应做保护导体的接续导体。

5 暗配的导管经过空腔层与终端线盒连接时，此段宜采用可弯曲金属导管或金属柔性导管敷设。骨架隔墙上的线盒应固定牢固,线盒沿口与完成面平齐。

检验方法:观察检查,检查隐蔽验收记录。

6.9.40 末端配电箱配出各配线回路的绝缘导线的型号、规格应符合设计要求,并应符合下列规定:

1 绝缘导线的分线、接线应在开关盒、插座盒、接线盒或器具内完成,不得设置在导管和槽盒内。

2 绝缘导线分线接头应采用导线连接器连接,且导线截面应与导线连接器匹配;绝缘导线分线接头采用缠绕搪锡连接时,连接头应采取可靠绝缘措施。

3 安装在装饰面上的开关、插座及灯具,其绝缘导线不得裸露在装饰层内。

检验方法:观察检查,检查隐蔽验收记录。

6.9.41 灯具品种、参数应符合设计要求,安装位置正确,牢固可靠,严禁使用木楔、尼龙胀管或塑料胀管固定。

检验方法:观察检查。

6.9.42 Ⅰ类灯具外露可导电部分必须采用铜芯软导线与保护导体可靠连接,连接处应设置接地标识,铜芯软导线的截面面积应与进入灯具的电源线截面面积相同。

检验方法:观察、感应电笔检查。

6.9.43 灯具与感烟探测器、喷头、可燃物之间的安全距离应符合设计要求。可燃装饰面不宜安装嵌入式射灯、点光源等高温灯具。

检验方法:观察检查。

6.9.44 开关的型号、规格及安装位置应符合设计要求。开关回路数及控制应符合设计要求,且应与户内配电箱回路的标识一致,与单控开关的通断位置应一致。多联开关控制有序、不错位。

检验方法:观察、感应电笔检查。

6.9.45 插座的型号、规格及安装位置应符合设计要求。插座回路数及控制应符合设计要求,且应与户内配电箱回路的标识一致。

插座接线应符合下列要求：

1 对于单相两孔插座,面对插座的右孔或上孔应与相线连接,左孔或下孔与中性导体(N)连接;对于单相三孔插座,面对插座的右孔应与相线连接,左孔与中性导体(N)连接。

2 单相三孔、三相五孔插座的保护接地导体(PE)应接在上孔。插座的保护接地导体端子不得与中性导体端子连接。同一户内的三相插座,其接线的相序应一致。

3 保护接地导体(PE)在插座间不得串联连接。

4 相线与中性导体(N)不应利用插座本体的接线端子转接供电。

5 插座回路的漏电保护检测应符合设计要求。

检验方法:观察、感应电笔或验电器检查;现场漏电测试仪测试或查验检测试验记录。

6.9.46 当开关、插座安装在可燃材料上时,面板应紧贴底盒。

检验方法:观察检查。

6.9.47 设有洗浴设备的卫生间局部等电位端子箱设置应符合设计要求。与末端器具的连接方式、材料及截面面积应符合设计要求。

检验方法:观察检查。

一般项目

6.9.48 套内配电箱箱盖应安装端正、紧贴墙面、涂层完整、无污损。箱内配线应整齐。

检验方法:观察检查。

6.9.49 敷设在架空层、隔墙夹层、吊顶内的导管应排列整齐,固定点间距均匀。

检验方法:观察检查。

6.9.50 灯具的外壳应完整,配件齐全、完好,无机械变形、涂层脱落、灯罩破裂等缺陷。

检验方法:观察检查。

6.9.51 嵌入式灯具的边框应紧贴饰面。

检验方法:观察检查。

6.9.52 开关、插座面板安装应端正、牢固,紧贴饰面,四周无缝隙,表面无污染、划伤,装饰板齐全。

检验方法:观察检查。

6.9.53 照明开关、室内温控开关安装位置应便于操作,相同型号并列安装及同一室内开关安装高度一致,开关边缘距门框(或口)边 150~200 mm。

检验方法:观察检查。

6.9.54 同一室内安装的开关、插座高度允许偏差应符合表 6.9.54 的规定。

表 6.9.54 同一室内安装的开关、插座高度允许偏差

序号	项目	允许偏差 (mm)	检验方法
1	同一室内相同标高开关高度差	5	拉通线,用钢直尺检查
2	并列安装相同型号开关高度差	1	用钢直尺检查
3	同一室内相同标高插座高度差	5	拉通线,用钢直尺检查
4	并列安装相同型号插座高度差	1	用钢直尺检查

Ⅶ 室内智能化

主控项目

6.9.55 家居配线箱规格、型号及安装位置应符合设计要求。部件齐全,安装牢固。线缆接线牢固,排线规整,标识清晰。

检验方法:观察检查。

6.9.56 电话插座、信息插座、电视插座的型号、规格、安装位置和

数量应符合设计要求。线缆与电话插座、信息插座、电视插座连接正确、可靠。

检验方法：观察检查。

6.9.57 对讲系统室内机的功能、安装位置应符合设计要求。对讲系统语音、图像应清晰，并与管理机联动正常。对讲系统室内机操作应正常，动作准确可靠。

检验方法：观察、操作检查。

6.9.58 户内报警控制系统的功能、安装位置应符合设计要求。布撤防、报警和显示记录等功能应准确可靠。

检验方法：观察、操作检查。

6.9.59 可燃气体泄漏报警探测器的安装位置应符合设计要求。

检验方法：观察检查。

6.9.60 智能家居系统的功能、安装位置应符合设计要求。

检验方法：观察检查。

6.9.61 智能家居控制系统对户内受控设施、设备的控制动作应准确可靠。

检验方法：操作检查。

一般项目

6.9.62 对讲系统室内机、户内报警控制系统、可燃气体泄漏报警探测器的安装应平正、表面清洁、无污损。

检验方法：观察检查。

6.9.63 智能家居控制器表面应洁净、无污损。

检验方法：观察检查。

6.9.64 家居配线箱箱盖紧贴墙面、开启灵活；箱体面板涂层完整、无污损；内部整洁、无明显污染。

检验方法：观察检查。

6.9.65 电话插座、信息插座、电视插座面板安装应平正、紧贴墙面，表面应无污损、划伤、破损。

检验方法:观察检查。

6.10 室内环境质量

主控项目

6.10.1 装配式内装工程的室内环境检测以套为单位。样本的采集应代表套内所有空间环境。

6.10.2 装配式内装工程的室内环境质量验收,应在工程完工不少于 7 d 后、工程交付使用前进行。

6.10.3 室内空气环境污染物浓度控制应符合现行国家标准《民用建筑工程室内环境污染控制标准》GB 50325 的规定。室内空气环境污染物浓度限值应符合表 6.10.3 的规定。

表 6.10.3 室内空气环境污染物浓度限值

污染物	I 类民用建筑工程
氡(Bq/m^3)	≤150
甲醛(mg/m^3)	≤0.07
氨(mg/m^3)	≤0.15
苯(mg/m^3)	≤0.06
甲苯(mg/m^3)	≤0.15
二甲苯(mg/m^3)	≤0.20
TVOC(mg/m^3)	≤0.45

注:1. 表中污染物浓度限量,除氡外均以同步测定的室外上风向空气相应值为空白值;

   2. 表中污染物浓度测量值的极限值判定,采用全数值比较法。

6.10.4 新风系统调试完成后应进行通风效果检验,通风效果检验项目及限值要求符合表 6.10.4 的规定。

表 6.10.4　通风效果检验项目及限值要求

序号	检验项目	限值要求
1	CO_2 浓度	≤0.1%,或按设计要求
2	PM_{10} 浓度	≤0.15 mg/m³,或按设计要求
3	$PM_{2.5}$ 浓度	≤75 μg/m³,或按设计要求

6.10.5 室内声环境质量应符合下列规定。

　1 室内声环境限值应符合表6.10.5的规定。

表 6.10.5　室内允许噪声级限值

房间名称	允许噪声级(A 声级,dB)	
	昼间	夜间
卧室	≤45	≤37
起居室	≤45	≤45

　2 管线穿过楼板和墙体时,孔洞周边应采取密封隔声措施。

6.10.6 室内光环境质量应符合表6.10.6的规定。

表 6.10.6　居住建筑照明标准值

房间或场所		参考平面及其高度	照度标准值(lx)	显色指数(Ra)
起居室	一般活动	0.75 m 水平面	100	80
	书写、阅读	0.75 m 水平面	300 *	
卧室	一般活动	0.75 m 水平面	75	80
	书写、阅读	0.75 m 水平面	150 *	
餐厅		0.75 m 餐桌面	150	80
厨房	一般活动	0.75 m 水平面	100	80
	操作台	台面	150 *	
卫生间		0.75 m 水平面	100	80

注:＊是混合照明度。

附录 A　装配式内装工程质量管理检查记录

工程名称		施工许可证号		
建设单位		项目负责人		
设计单位		项目负责人		
监理单位		总监理工程师		
总承包单位		项目负责人		项目技术负责人
专业承包单位		项目负责人		项目技术负责人

序号	项目	主要内容
1	现场质量管理制度	
2	现场质量责任制	
3	主要专业工种操作岗位证书	
4	施工图审查情况	
5	施工组织设计、施工方案编制及审批	
6	施工技术标准	
7	工程质量检查验收制度	
8	现场材料、设备管理	
9	其他	
10		

专业承包单位	总承包单位	监理单位	建设单位
自检结果： 项目负责人： 　年　月　日	自检结果： 项目负责人： 　年　月　日	检查结论： 总监理工程师： 　年　月　日	检查结论： 项目负责人： 　年　月　日

注：施工许可证号为成品房项目的开工许可证明文件或单独装饰工程申报的施工许可证明文件。

附录B 子分部工程质量验收记录

工程名称			子分部工程数量		分项工程数量	
专业承包单位			项目负责人		技术(质量)负责人	
序号	子分部 工程名称	分项工程名称	检验批 数量	专业承包单 位检查结果	监理单位 验收结论
1	内装	装配式隔墙与墙面			
2		装配式吊顶			
3		装配式地面			
4		内门窗			
5		集成式厨房			
6		集成式卫生间			
7	设备管线	收纳			
8		内装给水排水			
9		卫生器具			
10		室内供暖			
11		室内新风、排风			
12		空调			
13		室内电气			
14		局部等电位联结			
15		室内智能化			
质量控制资料					
安全和功能检验结果					
观感质量检验结果					
综合验收结论					
专业承包单位	总承包单位		内装设计单位	监理单位	
项目负责人： 　　年　月　日	项目负责人： 　　年　月　日		项目负责人： 　　年　月　日	总监理工程师： 　　年　月　日	

附录 C 装配式内装分部(子分部)工程质量验收意见

工程名称	
建设单位	
内装设计单位	
监理单位	
专业承包单位	
验收依据	《居住建筑装配式内装工程技术标准》标准号、年号
验收情况	依据《居住建筑装配式内装工程技术标准》,由建设单位组织内装设计、监理、专业承包单位成立验收小组,于_____年___月___日至_____年___月___日,对装配式内装工程的内装及设备管线进行质量验收工作
专业承包单位	意见: 项目负责人: (公章) 参加人: 年 月 日
总承包单位	意见: 项目负责人: (公章) 参加人: 年 月 日
监理单位	意见: 项目负责人: (公章) 参加人: 年 月 日
内装设计单位	意见: 项目负责人: (公章) 参加人: 年 月 日
建设单位	意见: 项目负责人: (公章) 参加人: 年 月 日

附录 D 装配式隔墙及墙面质量验收记录

单位(子单位) 工程名称			分部(子分部) 工程名称			分项工程名称		
总承包单位			项目经理			检验批容量		
专业承包单位			项目经理			检验批部位		
施工依据			验收 依据		《居住建筑装配式内装工程 技术标准》标准号、年号			

		验收内容		质量 标准	最小/实际 抽样数量	检查 记录	检查 结果
主控项目	1	龙骨连接方式及安装		6.2.1			
	2	隔墙填充材料选型		6.2.2			
	3	骨架隔墙上的加强措施		6.2.3			
	4	基层板、饰面板的选型及安装		6.2.4			
	5	条板隔墙选型及安装		6.2.5			
	6	条板隔墙上的加强措施		6.2.6			
	7	条板隔墙饰面板选型及安装		6.2.7			
一般项目	8	填充材料的安装		6.2.8			
	9	隔墙饰面层观感质量		6.2.9			
	10	隔墙饰面层孔洞、槽、盒观感质量		6.2.10			
	11	装配式骨架隔墙的允许偏差(mm)	纸面石膏板	立面垂直度	2.0			
				表面平整度	1.5			
				阴阳角方正	3.0			
				接缝高低差	0.5			
			人造木板、纤维增强硅酸钙板、纤维增强水泥板	立面垂直度	2.0			
				表面平整度	1.5			
				阴阳角方正	3.0			
				接缝高低差	0.5			
				饰面层接缝直线度	1.5			
				压条直线度	1.5			

续附录 D

		验收内容	质量标准	最小/实际抽样数量							检查记录		检查结果	
一般项目	12	装配式条板隔墙的允许偏差（mm）	立面垂直度	2.0											
			表面平整度	1.5											
			阴阳角方正	3.0											
			接缝高低差	0.5											
			饰面层接缝直线度	1.5											
	13	装配式隔墙饰面层的允许偏差(mm)	立面垂直度	2.0											
			表面平整度	1.5											
			阴阳角方正	3.0											
			接缝直线度	2.0											
			接缝高低差	0.5											
			接缝宽度	1.0											

专业承包单位	总承包单位	监理单位
项目负责人： （公章） 　　年　月　日	项目负责人： （公章） 　　年　月　日	总监理工程师： （公章） 　　年　月　日

附录E 装配式吊顶质量验收记录

单位(子单位)工程名称			分部(子分部)工程名称		分项工程名称			
总承包单位			项目经理		检验批容量			
专业承包单位			项目经理		检验批部位			
施工依据				验收依据	《居住建筑装配式内装工程技术标准》标准号、年号			
验收内容				质量标准	最小/实际抽样数量		检查记录	检查结果
主控项目	1	支吊架的连接方式及安装		6.3.1				
	2	吊顶饰面板选型及安装		6.3.2				
	3	吊顶标高、尺寸、起拱及造型		6.3.3				
一般项目	4	饰面板观感质量		6.3.4				
	5	器具与饰面板的交接		6.3.5				
	6	装配式吊顶的允许偏差(mm)	纸面石膏板 表面平整度	3.0				
			纸面石膏板 接缝直线度	3.0				
			纸面石膏板 接缝高低差	1.0				
			金属板 表面平整度	2.0				
			金属板 接缝直线度	1.5				
			金属板 接缝高低差	1.0				
			木板、人造木板 表面平整度	2.0				
			木板、人造木板 接缝直线度	3.0				
			木板、人造木板 接缝高低差	1.0				
验收结论								
专业承包单位		总承包单位			监理单位			
项目负责人： （公章） 　　年　月　日		项目负责人： （公章） 　　年　月　日			总监理工程师： （公章） 　　年　月　日			

附录 F　装配式地面质量验收记录

单位(子单位) 工程名称			分部(子分部) 工程名称			分项工程名称			
总承包单位			项目经理			检验批容量			
专业承包单位			项目经理			检验批部位			
施工依据					验收 依据	《居住建筑装配式内装工程 技术标准》标准号、年号			

验收内容				质量 标准	最小/实际 抽样数量				检查 记录	检查 结果
主控项目	1	装配式地面材料材质		6.4.1						
	2	架空层的防水措施		6.4.2						
	3	装配式地面面层安装		6.4.3						
	4	地面墙体伸缩缝隙		6.4.4						
	5	有排水要求的面层与 相邻面层的高差及坡度		6.4.5						
一般项目	6	地面面层观感质量		6.4.6						
	7	地面与其他面层连接观感质量		6.4.7						
	8	踢脚板安装的观感质量		6.4.8						
	9	装配式地面面层的允许偏差(mm)	木、竹、地砖	表面平整度	2.0						
				接缝高低差	0.5						
				表面格缝平直	2.0						
				板块间隙宽度	0.5						
				踢脚线上口平直	2.0						
				踢脚线与面层接缝	1.0						
			石材	表面平整度	1.0						
				接缝高低差	0.5						
				表面格缝平直	2.0						
				板块间隙宽度	0.5						
				踢脚线上口平直	2.0						
				踢脚线与面层接缝	1.0						

验收结论			
专业承包单位	总承包单位		监理单位
项目负责人: (公章) 　　年　月　日	项目负责人: (公章) 　　年　月　日		总监理工程师: (公章) 　　年　月　日

附录 G 集成式厨房质量验收记录

单位(子单位)工程名称			分部(子分部)工程名称		分项工程名称	
总承包单位			项目经理		检验批容量	
专业承包单位			项目经理		检验批部位	
施工依据			验收依据	《居住建筑装配式内装工程技术标准》标准号、年号		

验收内容			质量标准	最小/实际抽样数量	检查记录	检查结果
主控项目	1	围护部品的安装	6.5.1			
	2	橱柜的安装	6.5.2			
	3	厨房设备设施安装	6.5.3			
	4	吊装加强措施	6.5.4			
	5	户内燃气具的安装	6.5.5			
一般项目	6	各界面观感质量	6.5.6			
	7	橱柜与空间的公差	6.5.7			
	8	橱柜安装的允许偏差(mm)	橱柜外形尺寸	±1.0			
			橱柜对角线长度之差	3.0			
			橱柜立面垂直度	2.0			
			橱柜部件相邻表面高差	1.0			
			橱柜门与框架平行度	2.0			
			相邻橱柜层错位、面错位	1.0			
			部件拼角缝隙高差	0.5			
			台面高度	10.0			
			嵌式灶具中心线与吸油烟机中心线偏移	20.0			
	9	橱柜安装的留缝限值(mm)	部件拼角缝隙宽度	0.5			
			橱柜门与柜体缝隙宽度	2.0			
			后挡水与墙面缝隙宽度	2.0			
			灶具离墙间距	200.0			
验收结论						

专业承包单位	总承包单位	监理单位
项目负责人: (公章) 年 月 日	项目负责人: (公章) 年 月 日	总监理工程师: (公章) 年 月 日

附录 H 集成式卫生间质量验收记录

单位(子单位) 工程名称			分部(子分部) 工程名称			分项工程名称		
总承包单位			项目经理			检验批容量		
专业承包单位			项目经理			检验批部位		
施工依据					验收 依据	《居住建筑装配式内装工程 技术标准》标准号、年号		

		验收内容		质量 标准	最小/实际 抽样数量	检查 记录	检查 结果
主控项目	1	卫生间的功能、配置等		6.6.1			
	2	卫生间墙、顶、地的材料选型及安装		6.6.2			
	3	卫生间部品、洁具、设施设备选型及安装		6.6.3			
	4	卫生间闭水试验及通水试验		6.6.4			
	5	漏水检测措施		6.6.5			
一般项目	6	卫生间墙、顶、地安装观感质量		6.6.6			
	7	卫生间部品、洁具、 设施设备安装观感质量		6.6.7			
	8	部品、设备与面板交接		6.6.8			
	9	集成式卫生间安装的允许偏差（mm）	防水盘	内外设计标高差	2.0		
				阴阳角方正	3.0		
			壁板	立面垂直度	2.0		
				表面平整度	1.5		
				接缝高低差	0.5		
				接缝宽度	0.5		
			顶板	表面平整度	1.5		
				接缝高低差	0.5		
				接缝宽度	0.5		
	10	集成式卫生间部品、设备安装的允许偏差(mm)		卫浴柜外形尺寸	3.0		
				卫浴柜两端高低差	2.0		
				卫浴柜立面垂直度	2.0		
				卫浴柜上、下口平直度	2.0		
				部品、设备坐标	10.0		
				部品、设备标高	±15.0		
				部品、设备水平度	2.0		
				部品、设备垂直度	2.0		

验收结论			
专业承包单位	总承包单位	监理单位	
项目负责人： （公章） 年 月 日	项目负责人： （公章） 年 月 日	总监理工程师： （公章） 年 月 日	

附录 I 收纳部品质量验收记录

单位(子单位) 工程名称			分部(子分部) 工程名称			分项工程名称		
总承包单位			项目经理			检验批容量		
专业承包单位			项目经理			检验批部位		
施工依据				验收 依据	《居住建筑装配式内装工程 技术标准》标准号、年号			

验收内容				质量 标准	最小/实际 抽样数量	检查 记录	检查 结果
主控项目	1	材质要求		6.7.1			
	2	选型及安装		6.7.2			
	3	配件选型及安装		6.7.3			
	4	安装预埋件或后置埋件的要求		6.7.4			
	5	柜门和抽屉的开关性能		6.7.5			
一般项目	6	收纳部品外观质量		6.7.6			
	7	收纳部品安装的允许偏差(mm)	外形尺寸	3.0			
			对角线长度之差	3.0			
			立面垂直度	2.0			
			门与框架平行度	2.0			
			部件相邻表面高差*	1.0			
			部件拼角缝隙高差	0.5			
			收纳部品与墙体的平行度	2.0			
	8	收纳部品安装的留缝限值(mm)	部件拼角缝隙宽度	0.5			
			门与柜体缝隙宽度	2.0			

验收结论		
专业承包单位	总承包单位	监理单位
项目负责人： （公章） 　年　月　日	项目负责人： （公章） 　年　月　日	总监理工程师： （公章） 　年　月　日

注：*指的是门与框架、对开门相邻表面、抽屉与框架、抽屉与门、抽屉与抽屉等部件
的相邻表面高差。

附录 J 内门窗质量验收记录

单位(子单位) 工程名称			分部(子分部) 工程名称		分项工程名称		
总承包单位			项目经理		检验批容量		
专业承包单位			项目经理		检验批部位		
施工依据				验收 依据	《居住建筑装配式内装工程 技术标准》标准号、年号		

验收内容			质量 标准	最小/实际 抽样数量	检查 记录	检查 结果
主控项目	1	门窗选型	6.8.1			
	2	门窗框(套)安装	6.8.2			
	3	门窗扇安装	6.8.3			
	4	门窗扇五金件安装	6.8.4			
一般项目	5	门窗外观质量	6.8.5			
	6	门窗扇密封要求	6.8.6			
	7	门窗安装 允许偏差 (mm)	门窗框水平度	≤10		
			门窗框垂直度	≤10		
			同一套内门横框标高	≤5		
		门窗安装留 缝限值(mm)	室内门扇与 地面间留缝	4~8		

验收结论	

专业承包单位	总承包单位	监理单位
项目负责人: (公章) 年 月 日	项目负责人: (公章) 年 月 日	总监理工程师: (公章) 年 月 日

附录 K 设备与管线质量验收记录
表 K.0.1 内装给水排水质量验收记录

单位(子单位)工程名称			分部(子分部)工程名称		分项工程名称		
总承包单位			项目经理		检验批容量		
专业承包单位			项目经理		检验批部位		
施工依据			验收依据	《居住建筑装配式内装工程技术标准》标准号、年号			

验收内容			质量标准	最小/实际抽样数量	检查记录	检查结果
主控项目	1	室内给水管道安装	6.9.1			
	2	冷、热水管道水压试验	6.9.2			
	3	室内给水管道的消毒及通水试验	6.9.3			
	4	室内排水管道的安装	6.9.4			
	5	排水管道灌水试验	6.9.5			
	6	管线交叉要求	6.9.6			
一般项目	7	管道及配件外观质量	6.9.7			
	8	套管及封堵	6.9.8			
	9	管道防腐蚀、隔声减噪和防结露等措施	6.9.9			

验收结论			
专业承包单位	总承包单位	监理单位	
项目负责人: (公章) 年 月 日	项目负责人: (公章) 年 月 日	总监理工程师: (公章) 年 月 日	

表 K.0.2 卫生器具质量验收记录

单位(子单位) 工程名称				分部(子分部) 工程名称			分项工程名称		
总承包单位				项目经理			检验批容量		
专业承包单位				项目经理			检验批部位		
施工依据				验收 依据			《居住建筑装配式内装工程 技术标准》标准号、年号		

		验收内容			质量 标准	最小/实际 抽样数量	检查 记录	检查 结果
主控项目	1	卫生器具及配件的规格及安装			6.9.10			
	2	卫生器具给水配件安装			6.9.11			
	3	卫生器具排水配件安装			6.9.12			
	4	卫生器具满水试验或通水试验			6.9.13			
	5	地漏安装质量			6.9.14			
一般项目	6	卫生器具与墙、地面的交接要求			6.9.15			
	7	支、托架安装			6.9.16			
	8	浴缸安装			6.9.17			
	9	卫生器具排水管道安装的允许偏差(mm)	卫生器具的排水管口及横支管的纵、横坐标	单独器具	10			
				成排器具	5			
			卫生器具的接口标高	单独器具	10			
				成排器具	5			

验收结论		

专业承包单位	总承包单位	监理单位
项目负责人: (公章) 年　月　日	项目负责人: (公章) 年　月　日	总监理工程师: (公章) 年　月　日

表 K.0.3 室内供暖质量验收记录

单位(子单位) 工程名称			分部(子分部) 工程名称			分项工程名称		
总承包单位			项目经理			检验批容量		
专业承包单位			项目经理			检验批部位		
施工依据			验收 依据		《居住建筑装配式内装工程 技术标准》标准号、年号			

验收内容			质量 标准	最小/实际 抽样数量	检查 记录	检查 结果
主控项目	1	干式工法地暖系统安装	6.9.19			
	2	散热器供暖系统安装	6.9.20			
	3	温度控制装置安装	6.9.21			
	4	室内供暖管道水压试验	6.9.22			
一般项目	8	地暖模块外观质量	6.9.23			
	9	散热器外观质量	6.9.24			

验收结论		

专业承包单位	总承包单位	监理单位
项目负责人: (公章) 　　年 月 日	项目负责人: (公章) 　　年 月 日	总监理工程师: (公章) 　　年 月 日

表 K.0.4 室内新风、排风质量验收记录

单位(子单位)工程名称		分部(子分部)工程名称		分项工程名称	
总承包单位		项目经理		检验批容量	
专业承包单位		项目经理		检验批部位	
施工依据		验收依据	《居住建筑装配式内装工程技术标准》标准号、年号		

验收内容			质量标准	最小/实际抽样数量	检查记录	检查结果
主控项目	1	防火与止回阀安装	6.9.25			
	2	新风(换气)机选型	6.9.26			
	3	风管安装	6.9.27			
	4	风管穿出外墙孔洞要求	6.9.28			
一般项目	5	新风(换气)系统安装	6.9.29			

验收结论	

专业承包单位	总承包单位	监理单位
项目负责人： （公章） 　　年　月　日	项目负责人： （公章） 　　年　月　日	总监理工程师： （公章） 　　年　月　日

表 K.0.5 空调质量验收记录

单位(子单位) 工程名称			分部(子分部) 工程名称		分项工程名称		
总承包单位			项目经理		检验批容量		
专业承包单位			项目经理		检验批部位		
施工依据				验收 依据	《居住建筑装配式内装工程 技术标准》标准号、年号		

验收内容			质量 标准	最小/实际 抽样数量	检查 记录	检查 结果
主控项目	1	多联空调机组系统符合设计要求	6.9.30			
	2	室外机安装	6.9.31			
	3	风机盘管安装	6.9.32			
	4	冷媒管道、冷凝水管道及管件和 阀门等符合设计要求	6.9.33			
	5	冷媒管道、冷凝水管道的绝热层、 绝热防潮层和保护层符合设计要求	6.9.34			
	6	制冷系统气密性试验、单机及系统 联合试运转应符合《多联机空调系统 工程技术规程》JGJ 174 的要求	6.9.35			
一般项目	7	空调系统安装	6.9.36			

验收结论			
专业承包单位	总承包单位		监理单位
项目负责人： （公章） 　　年　月　日	项目负责人： （公章） 　　年　月　日		总监理工程师： （公章） 　　年　月　日

表 K.0.6 室内电气质量验收记录

单位(子单位) 工程名称		分部(子分部) 工程名称		分项工程名称	
总承包单位		项目经理		检验批容量	
专业承包单位		项目经理		检验批部位	

施工依据			验收 依据	《居住建筑装配式内装工程 技术标准》标准号、年号		

		验收内容	质量 标准	最小/实际 抽样数量	检查 记录	检查 结果
主控项目	1	户内配电箱选型及回路安装	6.9.37			
	2	户内配电箱内接线	6.9.38			
	3	住户(房间)配电箱配出的回路数和 电线布线用导管的材质、规格, 敷设方式及走向等安装	6.9.39			
	4	末端配电箱配出,各配线回路的绝缘 导线的型号、规格及安装	6.9.40			
	5	灯具选型及安装	6.9.41			
	6	Ⅰ类灯具安装	6.9.42			
	7	灯具与感烟探测器、喷头、 可燃物等之间的安全距离	6.9.43			
	8	开关选型及安装	6.9.44			
	9	插座选型及安装	6.9.45			
	10	开关、插座在可燃材料上安装	6.9.46			
	11	设有洗浴设备的卫生间局部等电位	6.9.47			

		验收内容		质量标准	最小/实际抽样数量	检查记录	检查结果
一般项目	12	套内配电箱箱盖安装		6.9.48			
	13	敷设在架空层、隔墙夹层、吊顶内的导管安装		6.9.49			
	14	灯具的观感质量		6.9.50			
	15	嵌入式灯具的观感质量		6.9.51			
	16	开关、插座面板观感质量		6.9.52			
	17	照明开关、室内温控开关安装位置要求		6.9.53			
	18	同一室内安装的开关、插座高度允许偏差(mm)	同一室内相同标高开关高度差	5			
			同并列安装相同型号开关高度差	1			
			同一室内相同标高插座高度差	5			
			同并列安装相同型号插座高度差	1			

验收结论		
专业承包单位	总承包单位	监理单位
项目负责人：	项目负责人：	总监理工程师：
(公章)	(公章)	(公章)
年 月 日	年 月 日	年 月 日

表 K.0.7　室内智能化质量验收记录

单位(子单位) 工程名称			分部(子分部) 工程名称			分项工程名称		
总承包单位			项目经理			检验批容量		
专业承包单位			项目经理			检验批部位		
施工依据				验收 依据		《居住建筑装配式内装工程 技术标准》标准号、年号		

		验收内容	质量 标准	最小/实际 抽样数量	检查 记录	检查 结果
主控项目	1	家居配线箱选型及安装	6.9.55			
	2	电话、信息、电视插座选型及安装	6.9.56			
	3	对讲系统室内机安装	6.9.57			
	4	户内报警控制系统要求	6.9.58			
	5	可燃气体泄漏报警探测器安装	6.9.59			
	6	智能家居系统选型及安装	6.9.60			
	7	户内受控系统控制动作试验	6.9.61			
一般项目	8	户内受控系统外观要求	6.9.62			
	9	智能家居控制器外观要求	6.9.63			
	10	家居配线箱外观要求	6.9.64			
	11	电话、信息、电视插座面板外观要求	6.9.65			

验收结论	

专业承包单位	总承包单位	监理单位
项目负责人： （公章） 　　年　月　日	项目负责人： （公章） 　　年　月　日	总监理工程师： （公章） 　　年　月　日

附录 L 室内环境质量验收记录

单位(子单位)工程名称		分部(子分部)工程名称		分项工程名称	
总承包单位		项目经理		检验批容量	
专业承包单位		项目经理		检验批部位	
施工依据			验收依据	《居住建筑装配式内装工程技术标准》标准号、年号	
验收内容		检测报告影印件			
室内环境质量					

本标准用词说明

1 为了便于在执行本标准条文时区别对待,对要求严格程度不同的用词说明如下:

1)表示很严格,非这样做不可的用词:

正面词采用"必须",反面词采用"严禁"。

2)表示严格,在正常情况下均应这样做的用词:

正面词采用"应",反面词采用"不应"或"不得"。

3)表示允许稍有选择,在条件许可时首先应这样做的用词;正面词采用"宜",反面词采用"不宜"。

4)表示有选择,在一定条件下可以这样做的,采用"可"。

2 标准中指定应按其他有关标准、规范执行时,写法为:"应符合……的规定"或"应按……执行"。

引用标准名录

1 《民用建筑设计统一标准》GB 50352

2 《住宅建筑规范》GB 50368

3 《住宅设计规范》GB 50096

4 《建筑设计防火规范》GB 50016

5 《建筑内部装修设计防火规范》GB 50222

6 《无障碍设计规范》GB 50763

7 《民用建筑隔声设计规范》GB 50118

8 《建筑采光设计标准》GB 50033

9 《民用建筑工程室内环境污染控制标准》GB 50325

10 《建筑给水排水设计标准》GB 50015

11 《建筑照明设计标准》GB 50034

12 《民用建筑供暖通风与空气调节设计标准》GB 50736

13 《城镇燃气设计规范》GB 50028

14 《城镇燃气技术规范》GB 50494

15 《建筑工程施工质量验收统一标准》GB 50300

16 《建筑装饰装修工程质量验收标准》GB 50210

17 《绿色建筑评价标准》GB/T 50378

18 《民用建筑电气设计标准》GB 51348

19 《住宅建筑室内装修污染控制技术标准》JGJ/T 436

20 《住宅室内装饰装修设计标准》GB 51348

21 《河南省成品住宅设计标准》DBJ41/T 163

22 《河南省成品住宅工程质量分户验收规程》DBJ41/T 194

河南省工程建设标准

居住建筑装配式内装工程技术标准
DBJ41/T 248—2021

条 文 说 明

目　次

1 总　则

1.0.1　根据住房和城乡建设部、教育部、科技部等 9 部门近日联合印发《关于加快新型建筑工业化发展的若干意见》(建标规〔2020〕8 号)、《中共中央 国务院关于进一步加强城市规划建设管理工作的若干意见》、国务院办公厅《关于大力发展装配式建筑的指导意见》(国办发〔2016〕71 号)等文件,明确提出发展装配式建筑,装配式建筑进入快速发展阶段。但从目前的发展来看,我国装配式建筑的发展呈现出"重结构,轻内装"的趋势。作为装配式建筑的重要组成部分,装配式内装不仅需要与装配式建筑的主体结构、外围护系统、设备管线系统相协调,其工程质量更关乎到老百姓的居住体验和幸福指数。为推进装配式建筑的健康发展,规范装配式内装工程的实施,亟须一本标准来规范装配式内装工程的建设,装配式内装工程应以提高工程品质和效率,减少人工和资源、能源消耗及建筑垃圾为基本原则,促进标准化设计、工业化生产,满足装配化安装、信息化管理和智能化应用的要求,按照适用、经济、安全、绿色、美观的要求,全面提高装配式内装工程的环境效益、社会效益和经济效益。

1.0.2　由于其他建筑的装饰装修、给水排水及采暖等分部工程与居住建筑的工法具有高度一致性,因此其他建筑的装配式内装也可参考执行。

2 术 语

2.0.2 装配式内装以工业化生产方式为基础,采用工厂制造的内装部品,安装工艺采用干式工法。

推行装配式内装是发展新型建筑工业化的重要抓手。采用装配式内装的建造方式实现成品交付,具有如下优势:①部品在工厂生产,现场采用干式作业,有效保证了产品质量和性能,提升了建筑品质;②提高劳动生产率,节省大量人工和管理费用,缩短建设周期,综合效益明显,从而降低住宅生产成本;③减少原材料浪费,降低噪声、粉尘和建筑垃圾等污染,节能环保,充分体现了绿色建造;④模数化部品的运用便于维护,降低了后期的运维成本;⑤工业化生产模式、标准化接口,有效减小了生产的尺寸误差,提高了建筑的误差等级。

现行诸多标准中,"装配式内装""装配式装修""装配式内装修",其定义内容基本一致。

2.0.3 管线分离的目的是要解决便于维修和更换的问题,同时避免设备管线和内装的更换维修对长寿命的主体结构造成破坏。

2.0.4 工法是指以工程为对象、工艺为核心,运用系统工程的原理,把先进的技术和科学管理结合起来,经过工程实践形成的综合配套的施工方法。干式工法是以干作业工艺为特征的建造方式,它具有先进、适用和保证工程质量与安全、环保、提高施工效率、降低工程成本等特点。摒弃了传统现场湿作业方式依赖现场工人手工劳动造成的施工精度差、建造周期长,且工艺复杂、质量难以保证等问题。

2.0.5 按内装系统、建筑结构系统、外围护系统、设备与管线系统等不同专业、不同系统的技术要求协调部品之间的连接,满足设计、安装等不同阶段需求的方法和过程。重要的是处理好不同部品之间的连接接口设计及安装。

2.0.8 集成式厨房多指居住建筑中的厨房,本条强调了厨房的"集成性"和"功能性"。集成式厨房是装配式内装的重要组成部分,其设计应按照标准化、系列化原则,并符合干式工法施工的要求,在制作和加工阶段实现装配化。

当评价项目各楼层厨房中的橱柜、厨房设备等全部安装到位,且墙面、顶面和地面采用干式工法的应用比例大于70%时,应认定为采用了集成式厨房;当比例大于90%时,可认定为集成式厨房。

本标准的主要目的是装配式内装,因此干式工法施工的应用比例应尽量提高。现行诸多标准中,"集成厨房、集成式厨房、装配式整体厨房、装配式厨房、整体厨房"等名称很多,其定义内容均为"工厂化生产""现场""干式工法",只是《装配式建筑评价标准》GB/T 51129 中提出了比例问题,意思基本相同,况且整体的意思不确切,也是需要现场集成安装,因此此标准统一定义为集成式厨房,如表1所示。

表 1

地区	标准	标准号	名称
国标	装配式建筑评价标准	GB/T 51129—2017	集成厨房:地面、吊顶、墙面、橱柜、厨房设备及管线等通过设计集成、工厂生产,在工地主要采用干式工法装配而成的厨房
国标	装配式混凝土建筑技术标准	GB/T 51231—2016	集成式厨房:由工厂生产的楼地面、吊顶、墙面、橱柜和厨房设备及管线等集成并主要采用干式工法装配而成的厨房
行标	装配式住宅建筑设计标准	JGJ/T 398—2017	整体厨房:由工厂生产、现场装配的满足炊事活动功能要求的基本单元模块化部品

续表 1

地区	标准	标准号	名称	
行标	工业化住宅尺寸协调标准	JGJ/T 445—2018	集成式厨房:由工厂生产的楼地面、吊顶、墙面、橱柜和厨房设备及管线等集成并主要采用干式工法装配而成的厨房	
行标	装配式钢结构住宅建筑技术标准	JGJ/T 469—2019	集成式厨房:由工厂生产的楼地面、吊顶、墙面、橱柜和厨房设备及管线等集成并主要采用干式工法装配而成的厨房	整体厨房:由工厂生产、现场装配的满足炊事活动功能要求的基本单元模块化部品,配置整体橱柜、灶具、排油烟机等设备及管线
北京	居住建筑室内装配式装修工程技术规程	DB11/T 1553—2018	集成厨房:地面、吊顶、墙面、橱柜、厨房设备及管线等通过设计集成、工厂生产,在工地主要采用干式工法装配而成的厨房	
广州	装配式混凝土结构工程施工质量验收规程	DB4401/T 16—2019	装配式整体厨房:由工厂生产的楼地面、吊顶、墙面、橱柜和厨房设备及管线等集成并主要采用干式工法装配而成的厨房,简称整体厨房,又称集成式厨房	
广州	装配式钢结构建筑技术规程	DBJ/T 15-177—2020	集成式厨房:由工厂生产的楼(地)面、吊顶、墙面、橱柜和厨房设备及管线等部品集成并主要采用干式工法装配而成的厨房	

续表 1

地区	标准	标准号	名称
河南	河南省装配式建筑评价标准	DBJ41/T 222—2019	集成厨房:地面、吊顶、墙面、橱柜、厨房设备及管线等通过设计集成、工厂生产,在工地主要采用干式工法装配而成的厨房
云南	云南省装配式建筑评价标准	DBJ53/T-96—2018	集成厨房:地面、吊顶、墙面、橱柜、厨房设备及管线等通过设计集成、工厂生产,在工地主要采用干式工法装配而成的厨房

2.0.9 集成式卫生间充分考虑了卫生间空间的多样组合或分隔,包括多器具的集成式卫生间产品和仅有洗面、洗浴或便溺等单一功能模块的集成式卫生间产品。集成式卫生间是装配式内装的重要组成部分,其设计应按照标准化、系列化原则,并符合干式工法施工的要求,在制作和加工阶段实现装配化。

当评价项目各楼层卫生间中的洁具设备等全部安装到位,且墙面、顶面和地面采用干式工法的应用比例大于 70%时,应认定为采用了集成式卫生间;当比例大于 90%时,可认定为集成式卫生间。

本标准的主要目的是装配式内装,因此干式工法施工的应用比例应尽量提高。现行诸多标准中,"集成卫生间、集成式卫生间、集成式卫浴、装配式整体卫生间、整体卫浴、整体卫浴间"等名称很多,其定义内容均为"工厂化生产""现场""干式工法",只是《装配式建筑评价标准》GB/T 51129 中提出了比例问题,意思基本相同,况且整体的意思不确切,也是需要现场集成安装,因此此标准统一定义为集成式卫生间,如表 2 所示。

表 2

地区	标准	标准号	名称	解释
国标	装配式建筑评价标准	GB/T 51129—2017	集成卫生间	地面、吊顶、墙面和洁具设备及管线等通过设计集成、工厂生产,在工地主要采用干式工法装配而成的卫生间
国标	装配式混凝土建筑技术标准	GB/T 51231—2016	集成式卫生间	由工厂生产的楼地面、墙面(板)、吊顶和洁具设备及管线等集成并主要采用干式工法装配而成的卫生间
行标	装配式住宅建筑设计标准	JGJ/T 398—2017	整体卫浴	由工厂生产、现场装配的满足洗浴、盥洗和便溺等功能要求的基本单元模块化部品
行标	装配式整体卫生间应用技术标准	JGJ/T 467—2018	装配式整体卫生间	由防水盘、壁板、顶板及支撑龙骨构成主体框架,并与各种洁具及功能配件组合而成的通过现场装配或整体吊装进行装配安装的独立卫生间模块
行标	工业化住宅尺寸协调标准	JGJ/T 445—2018	集成式卫生间	由工厂生产的楼地面、吊顶、墙面(板)和洁具设备及管线等集成并主要采用干式工法装配而成的卫生间

地区	标准	标准号	名称	解释
行标	装配式钢结构住宅建筑技术标准	JGJ/T 469—2019	集成式卫浴	由工厂生产的楼地面、墙面(板)、吊顶和洁具设备及管线等集成并主要采用干式工法装配而成的卫生间
			整体卫浴	由工厂生产、现场装配的满足洗浴、盥洗和便溺等功能要求的基本单元模块化部品,配置卫生洁具、设备及管线,以及墙板、防水底盘、顶板等
行标	住宅整体卫浴间	JG/T 183—2011	整体卫浴间	由一件或一件以上的卫生洁具、构件和配件经工厂组装或现场组装而成的具有卫浴功能的整体空间
北京	居住建筑室内装配式装修工程技术规程	DB11/T 1553—2018	集成卫生间	地面、吊顶、墙面、洁具设备及管线等通过设计集成、工厂生产,在工地主要采用干式工法装配而成的卫生间
广州	装配式混凝土结构工程施工质量验收规程	DB4401/T 16—2019	装配式整体卫生间	由工厂生产的楼地面、墙面(板)、吊顶和洁具设备及管线等集成并主要采用干式工法装配而成的卫生间,简称整体卫生间,又称集成式卫生间

地区	标准	标准号	名称	解释
广州	装配式钢结构建筑技术规程	DBJ/T 15-177—2020	集成式卫生间	由工厂生产的楼(地)面、墙面(板)、吊顶和洁具设备及管线等集成并主要采用干式工法现场装配而成的卫生间
河南	河南省装配式建筑评价标准	DBJ41/T 222—2019	集成卫生间	地面、吊顶、墙面和洁具设备及管线等通过设计集成、工厂生产,在工地主要采用干式工法装配而成的卫生间
云南	云南省装配式建筑评价标准	DBJ53/T-96—2018	集成卫生间	地面、吊顶、墙面和洁具设备及管线等通过设计集成、工厂生产,在工地主要采用干式工法装配而成的卫生间

3 基本规定

3.0.2 在设计前期,应在建筑专业的协同下,结合当地的政策法规、用地条件、项目定位、建设条件、技术选择与成本控制等进行总体技术策划。总体技术策划应包括设计策划、部品部件生产与运输策划、施工安装策划和经济成本策划等。

3.0.3 相比传统内装设计,装配式建筑的内装设计采用集成设计的方式,协同各专业、集成各项内装部品,并需要统筹生产供应、施工安装,协调接口,所以装配式内装的施工图纸涉及的内容更广泛和深入,才能顺利实现现场的施工装配。

3.0.4 涉及建筑结构尺寸的内装部品应在规划设计阶段进行考虑,主要是明确部品的规格尺寸,以免造成无法安装的问题。其他部品可以在设计阶段选型,明确技术性能参数。采用标准化接口是为了满足易安拆、易维护的要求。

3.0.5 装配式内装的模数协调包含部品与部品之间的模数协调,同时包含部品与建筑之间的模数协调,合理运用模数协调原则,进行标准化设计是实现新型建筑工业化的有效手段。

3.0.6 装配式内装修部品应符合标准化、模数化、通用化的原则,采用标准化接口,实现规格化和互换性,大量的规格化、定型化部品的生产可稳定质量、降低成本,通用化部件所具有的互换能力,可促进市场的竞争力和生产水平的提高,也便于建筑内装部品的更换、更新。

　　装配式内装部品应提供系统化解决方案,所有零部件成套供应。由于零部件之间的内部接口已经进行合理论证,所以在项目设计时,仅需要对部品总体的尺寸、规格和构造连接等条件进行考虑,可以简化设计和安装。

3.0.8 室内环境包括室内热工环境、光环境、声环境和空气环境。

设计阶段应综合考虑,尤其是室内污染物浓度是一个叠加释放的过程,要充分进行预判,才能有效控制。最好是设计完成后建造试错样板间,一是验证设计的可行性,二是验证工法是否可行,这同时是样板引路的要求。这时要进行一次室内环境检测,如果室内环境污染检测不达标,还有一个修正的过程。

3.0.9 建立部品的建筑信息模型库,并应用建筑信息模型技术是保证设计质量的前提,也是全过程信息管理的基础。它包含了部品选型与设计,是不可分割的两方面,而运用建筑信息模型技术正向设计,是实现全过程的信息化管理和专业协同,保证工程信息传递的准确性与质量可追溯性的重要手段。

3.0.10 流水作业是将拟建工程划分为若干施工段,并将施工对象分解为若干个作业过程,依次完成施工段内的工作过程,并依次从一个施工段转到下一个施工段,作业在各施工段、作业过程上连续、均衡地进行,使相应专业间实现最大限度的搭接作业。因此,装配式内装主体工程采用总承包管理模式,合理划分施工段,组织流水作业,是合理压缩工期、提升工作效率的有效措施。

3.0.11 为了预防和控制装配式内装工程产生的室内环境污染,保障公众健康,维护公共利益,需要对内装材料进行规定,采用节能绿色环保材料。随着材料与部品的工厂化生产,企业的各项标准与认证体系逐渐健全,加强企业认证工作是企业生存发展的基石。企业通过质量管理体系认证可以证明其有能力稳定地提供符合标准且满足顾客要求的产品或服务,建立起客户信任,提升市场竞争力,同时企业产品认证也体现了社会资源的节约,制定新型建筑工业化构件和部品相关技术要求,施行质量认证制度,提高产品配套能力和质量水平非常必要。为确保装配式内装部品的品质与精准供应,宜选择具有完整的技术标准体系以及质量、职业健康安全与环境管理体系的部品生产企业。

3.0.13 装配式建筑工程承包单位应建立必要的质量责任制度,

应推行生产控制和合格控制的全过程质量控制,应有健全的生产控制和合格控制的质量管理体系。质量控制包括原材料控制、工艺流程控制、施工操作控制、每道工序质量检查、相关工序间的交接检验以及专业工种之间等中间交接环节的质量管理和控制要求,还应包括满足施工图设计和功能要求的抽样检验制度等。承包单位还应通过内部的审核与管理者的评审,针对质量管理体系中存在的问题和薄弱环节,制订改进的措施和跟踪检查落实等措施,使质量管理体系不断健全和完善,不断提高建筑工程质量。

4 集成设计

4.1 一般规定

4.1.1 装配式内装设计在技术策划、部品选型与集成、方案设计、施工图设计四个阶段都要协调建筑、结构、给水排水、供暖、通风和空调、燃气、电气、智能化等各专业的要求,进行协同设计。可参考图1所示的设计流程。

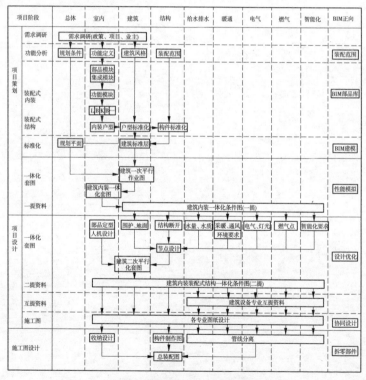

图1 装配式内装设计流程

4.2　标准化设计和模数协调

4.2.4　部品定位方法有中心线定位法、界面定位法两种。中心线定位法,指基准面(线)设于部品上(多位部品的物理中心线),且与模数网格线重叠的部品定位方法;界面定位法,指基准面(线)设于部品边界,且与模数网格线重叠的方法。中心线定位和界面定位两种方法可以混合使用。

部品通过模数网格进行定位协调,因此部品定位方法和模数网格的设置有密切关系。单线模数网格最适合中心线定位法,定位轴线与网格线重叠。如果要求部品的某一侧为平整界面的模数空间,则在单线网格中也可采用界面定位法。

双线模数网格最适合界面定位法,部品定位轴线与双网格线的中分线重叠、部品的界面与双网格线重叠,以保证部品两侧的空间模数化。单、双线模数网格也可混合设置。

4.2.5　部品部件尺寸设计应与原材料的规格尺寸协调,才能提高出材率、降低材料消耗。部品尺寸与建筑模数协调,体现了合理利用空间、科学生产的概念。原材料与部品、部品与部品、部品与建筑模数相协调。标准化、系列化的建筑部品体系是系统科学发展新型建筑工业化的基础。

4.2.6　公差是由部品制作、定位、安装中不可避免的误差引起的。公差一般包括制作公差、安装公差、位形公差及连接公差等几种。公差包含了尺寸的上限值和下限值之间的差。在设计中应当把公差的允许值考虑进去,并控制在合理的范围内,以保证在安装接缝、加工制作、放线定位中的误差发生在可允许的范围内。间隙配合是指具有间隙(包括最小间隙等于零)的配合。由于部品生产、安装及建筑施工过程不可避免地会产生误差,而且内装工程的安装过程是建筑部分主体部分施工段完成后才能进行,一旦出现过盈尺寸,就会产生现场再加工的现象,不仅影响安装进度,而且不利于绿色建造。因此,本条强调部品与部品、部品与建筑间的配合均为间隙配合。

4.3 内装部品选型与集成设计

4.3.1 基本件采用标准化设计生产,提高部品部件的通用性,有利于工厂化生产,提高生产效率;用可调节件进行配合,有效消除了主体结构生产过程产生的误差以及部品生产过程产生的公差,也起到容错作用,满足功能需求及结构布置要求。可调节件比例不宜大于标准部品的15%。

4.3.2 对于如钢结构建筑,内装隔墙与钢结构的连接,应通过预留(预埋)连接件连接,如果后期施焊轻则造成防火性能破坏,重则造成结构构件损坏。

4.3.3 管线优先敷设在楼地面架空层、墙体夹层、吊顶内龙骨之间;也可以结合踢脚线、装饰线脚进行敷设,充分体现管线分离带来的安装便捷,提高效率,维护方便。

I 装配式隔墙及墙面

4.3.4 目前装配式隔墙有轻钢龙骨隔墙、轻质混凝土空芯条板隔墙(GRC 板)、蒸压加气混凝土条板隔墙(AAC 板或称 ALC 板)、发泡陶瓷墙板等,尤其是骨架隔墙,实现了管线分离。

4.3.5 有厂家已经开发出新型带集成饰面层的隔墙材料,不再需要先安装隔墙,再安装墙面层了,更体现了工厂化生产、现场快速安装的特点。

4.3.6 设备管线穿过装配式隔墙时应采取防火封堵、密封隔声及减(隔)振措施。

4.3.7 对于选择集成式卫生间的建筑结构来讲,止水构造应根据集成式卫生间的安装及室内地面标高确定,所以此处未规定止水构造的高度,止水构造也并非为单一的止水坎台做法,鼓励研发新型工业化止水方式。

4.3.8 骨架隔墙应符合以下要求：

2 目前市场上 A 级填充材料多为岩棉、玻璃棉等，实践过程中骨架隔墙的填充材料(岩棉、玻璃棉)随着时间推移会沉降造成上部空洞，隔声效果降低；其次，纸面石膏板等材料的封闭严密性不强，粉化的碎屑随着振动从缝隙处进入室内，造成污染。而铝蜂窝填充材料等具有密度小、质量轻、强度高、刚性和抗撕裂性好的特点，防火、防潮、防腐蚀、隔声、隔热、抗撞等性能优势明显。

4.3.10 装配式墙面应符合下列要求：

1 目前采用的轻钢骨架隔墙、轻质混凝土空芯条板隔墙、蒸压加气混凝土条板隔墙、发泡陶瓷墙板等，均需做完隔墙后再做一层复合了饰面层的面层板，如硅酸钙板覆膜板等，还有竹炭纤维板、PVC 板等。不再需要现场抹灰、涂刷等湿式工法，有效减少了现场粉尘污染。

3 本条主要说明超过墙面面层荷载要求时，悬挂的物体应与隔墙设计固定措施。

Ⅱ 装配式吊顶

4.3.11 吊顶上会安装灯具、排风扇、浴霸、风口及消防设备等。吊顶应注意成品效果及排列整齐等问题。

4.3.12 本条是为了保证吊顶龙骨质量，充分考虑吊顶内管线、设备位置，合理布置吊件和主、副龙骨是保证吊顶质量的关键，如后期因安装管线、设备及灯具而擅自移动或切断主、副龙骨，轻者会影响吊顶平整度，重者使吊顶严重变形而造成吊顶不合格。楼板内可预留(预埋)所需的机制螺母或埋件，以方便各类吊杆、吊件及吊顶部品的连接。考虑吊顶内敷设给水管、空调介质管及冷凝水管等的管线应设置防结露构造。

4.3.15 吊顶如果密闭不严密，吊顶内管线、设备会受潮或结露，造成灯具或设备生锈,甚至漏电而发生事故。

Ⅲ　装配式楼地面

4.3.17　为了进一步体现装配式内装的优势,以一体化、标准化、模块化为原则进行产品选型是实现高效安装的基本需要。不同使用性质的房间对地面面层的性能要求不同,设计时应注意参考相关技术资料或相关规范进行有针对性的设计。选用产品也应对其承载能力提出要求,以防产品采购忽略承载力指标造成地面系统无法满足日常使用。

4.3.19　架空地面系统设计符合下列规定:

　1　为了避免因热胀冷缩现象造成地板拱起变形甚至炸裂,架空地板周边脱开墙体,设置适当宽度的伸缩缝很有必要。但用于架空的架体与周边墙体应连接可靠,防止移位、扭曲变形。装配式内装的楼地面往往采用石材、面砖等块材或板材面层,块材或板材之间存在拼缝,楼地面与墙体之间有伸缩缝,在日常活动中若出现诸如饮品洒落地面流入架空层下时,因无法清理而产生霉变,从而影响室内空气质量,所以需要对存放或使用液体的房间地面系统采取防止液体进入架空层的措施,用水房间更应如此。

　2　地面架空层是建筑管线排布的重要空间,其架空高度的确定应充分考虑管线排布的需要,以防因考虑不周导致建筑空间高度、地面标高的确定受到不利影响。当水电管线有交叉时,给水管、空调介质管及冷凝水管等有可能产生表面结露,因此应遵循电高水低、有压让无压的原则,防止电器及管线绝缘性能降低甚至漏电而发生危害。考虑管线的检修,采用设检修口或将装配式楼地面设计为便于拆装的构造方式均能满足检修需要,可根据实际需要选择相应做法。

　3　利用架空空间排布排水管道可以节约建筑空间和便于在同层实现管道维修。

4 卫生间、公共盥洗间及开水间的防水措施应优先采用工厂化生产的成套防排水部品,如防水托盘,质量应有保证,管道与托盘的连接应牢固可靠,供应商应按国家有关规定对产品质量和维修负责。为防止意外,应考虑万一有漏水,不及时排除会造成损失扩大,因此设计中应设计观察孔或采取其他利于发现问题的措施,便于及时检修,尤其是对于降板的楼地面基层导水措施至关重要,所有的防水措施也好,托盘也好,都相当于造了一个水盆,因此装配式建筑或装配式内装应设计积水排出构造(措施)。另外,架空层内气体不流通,如有水渗入或凝结水产生,易产生有害气体,若不采取措施,渗透到室内影响室内空气质量,应采取通风措施改善用水房间架空层内或夹层墙内的空气流通。

4.3.20 本条依据《河南省成品住宅设计标准》DBJ41/T 163 第4.1.5 条规定。比如厚度大于 12 mm 的实木地板,一是导热、散热性能不好,二是宜受热胀冷缩影响,就不宜选择。低温辐射供暖部品与地面材料部品之间再设置龙骨架空铺装时,两者之间的空气层会阻断热传递,不利于散热。另外,会影响层高。

4.3.21 充分考虑的一体化设计,可以有效避免因诸如无支脚箱床、衣柜及橱柜等压盖而造成辐射效率降低。

4.3.23 本条依据《河南省成品住宅设计标准》DBJ41/T 163 第4.5.6 条规定:卫生间各界面宜选择耐腐蚀、易清洁的环保材料。

地面材质应防滑、耐磨。门口内地面标高应低于相邻楼地面5 mm,并找 1% 坡度坡向地漏。门口宜采用倒角过渡;湿区宜设置挡水线或回水槽;设置浴缸的卫生间,浴缸下地面标高应与相邻楼地面一致,是为了防止浴缸下地面积水,造成不易打理。

对于住宅干区,如厨房、干湿分离的卫生间等不建议设置地漏,地面长期无积水流入地漏会造成地漏干涸,造成下水道反味,也严重造成细菌、病毒等入侵。

Ⅳ 集成式厨房

4.3.24 集成式厨房是由结构(底板、壁板、顶板、门)、厨房家具(橱柜及五金件)、厨房设备(冰箱、微波炉、电烤箱、吸油烟机、燃气灶具、消毒柜、洗碗机、水盆、垃圾粉碎机等)、厨房设施(给水排水、燃气、电气、通风设备与管线)进行系统集成的厨房。

4.3.25 集成式厨房协同一体化设计可以避免因各专业设计前期考虑不周,尤其是燃气专业后期设计和安装,势必会造成二次拆改和浪费。通过一体化设计,集成式厨房结合部品选型与建筑设计方案阶段同步进行,初步设计、施工图设计阶段,结构、设备与管线系统设计,也需要考虑集成式厨房内装需要,包括:地面系统、墙面系统、顶面系统、厨柜布置、部品选型、吊柜预埋件布置、给水排水、供暖通风、燃气、电气等专业管线、设施及管线设备检修措施设计等(见《河南省成品住宅设计标准》DBJ41/T 163 第 4.4.2 条规定)。

4.3.26 厨房遵循洗、切、炒炊事操作流程和人体活动特征确定空间尺寸来布置配套设施。应符合《河南省成品住宅评价标准》DBJ41/T 216 第 6.1.3 条规定。

4.3.28 本条明确了集成式厨房常用的灶具、洗涤池、油烟机、热水器、电冰箱、微波炉、电饭煲、净化水设备、消毒柜、垃圾处理器等设备,在集成设计时应考虑其设置位置,并预留相应的电源插座。同时,建议除上述设备外,进行插座等机电点位的合理预留,以使设计跟上厨房电器及设备发展的脚步,如过去传统插座高 0.3 m,而橱柜的安装将其遮挡使其丧失功能。采用标准化接口是实现快装、快修的基础。

Ⅴ 集成式卫生间

4.3.30 集成式卫生间的设计应符合以下要求:

1 在建筑设计方案阶段即需同整体卫浴厂家技术对接,了解整体卫浴规格尺寸和通用标准,在建筑方案设计时据此进行卫生间空间设计,使整体卫浴土建尺寸具备标准化、通用化特性。

2 集成式卫生间协同设计可以避免因各专业设计前期考虑不周,导致卫生间安装时,所引起的拆改和浪费。集成式部品选型与建筑设计方案阶段同步进行,初步设计、施工图设计阶段,结构、设备与管线系统设计也需要考虑集成式卫生间内装需要,给水、热水、电气管线优先敷设在吊顶内。其设计内容包括:卫生间布置和选型、吊顶预埋件布置、机电预留(比如插座预留等)、管线设备内装美化遮挡设计、管线设备检修口位置设计等。

3 装配式内装工程应系统考虑工业化的建造方式,不仅只考虑内壁板的安装,还应考虑卫生间外隔墙的一体化方案,达到可拆卸易维护的目的。后砌墙不仅影响工程进度,而且不利于后期维修。因此,集成式卫生间不应安装完成再后砌墙。

4 传统卫生间设计往往将淋浴区与坐便、面盆区结合在一起,虽然使用起来比较便利,但潮湿的空气长时间在浴室中滞留,容易造成空气的污浊,以及清理上的难题。为了提高人们生活品质,引入了干湿分离的设计概念,将淋浴区与其他功能区域进行划分后,既可保持卫浴场地的干燥卫生,又能维持浴室整体环境的整洁美观。该种设计理念适用于集成式卫生间。当采用结构降板方式实现同层排水时,降板区域应结合排水方案及检修位置确定。降板高度应根据防水盘厚度、卫生器具布置方案、管道尺寸及敷设路径等因素确定。

4.3.31 卫生间 0 区为澡盆或淋浴盆内,1 区为围绕澡盆或淋浴盆外边缘的垂直面内,或距淋浴 0.6 m 的垂直面内,且其高度止于离地面 2.25 m 处。2 区为 1 区至离 1 区 0.6 m 的平行垂直面内,其高度止于离地面 2.25 m 处。0~2 区内严禁设置电源插座。

4.3.33 集成式卫生间管线是易出现问题的部位,因此应充分考虑检修措施或预留检修口。

VI 收纳部品

4.3.37 目前收纳系统多采用大包围踢脚,使用地板辐射供暖时,不利于此部位热辐射,因此对此部位应着重综合设计,如采取不包围踢脚或悬挂等措施。

4.3.40 电气开关箱、接线箱设于收纳部品时,电气开关箱、接线箱有产生漏电或火花的可能,其内表面应为防火材料或电器箱体为金属制品等,如独立设置成抽屉柜,方便操作。因此,应对此处的部品存放提出要求。

4.3.41 便于维护及检修是收纳部品设计必须遵循的原则,设计时可考虑能将收纳部品整体移开、部分打开,拆开隔板的方法为检修创造便利条件。

4.3.42 因收纳部品与人体接触频繁,普通玻璃破裂容易伤人,所以在此对玻璃的选用提出要求。

4.3.43 有水房间经常接触水、蒸汽或渗漏后容易被水浸湿的部位,当部品采用未经处理的木材等材料时,容易产生腐烂、虫蛀现象,影响使用寿命。水渗漏到收纳空间内会损坏其中的物品,因此对有水房间的收纳部品应采取防水或防潮、防腐、防蛀措施。

VII 内门窗

4.3.44 目前装饰完成的内门窗大小、高度五花八门,遵循模数协调原则,标准化设计,减少规格、种类,统一开启扇尺寸。

4.3.45 选用成套化内门窗,有利于工厂规模化生产,更容易实现与装配式内装其他部品的一体化集成。设计文件应明确所采用门窗的材料、品种、规格等指标,以及颜色、开启方向、安装位置、固定方式等要求,避免现场再加工,有效减少误差所造成的材料浪费。

4.4 设备和管线

4.4.1 设备和管线集成设计应包括给水排水、暖通、电气、智能化、燃气等各专业,集成设计需要综合考虑各专业的技术特点、材料特性、安装检修、维护管理等多方面的因素,是一个统筹策划、系统设计的过程,根据工程建设的特点,需要一步一步地深化完成。一般情况下,设备管线的施工图设计称为一次机电设计,结合室内内装的机电管道设计称为二次机电设计。

装配式内装设计是全专业、全过程的协同设计,设备管线设计应充分考虑一次机电设计和二次机电设计的协调和衔接。

现代建筑工程功能繁多、空间复杂、体量巨大,设备管线众多,设备管道安装难度巨大。一般的施工图难以达到直接指导施工安装的深度,大型项目需要进行专门的深化设计。深化设计可以由原设计人员负责,也可以是施工承包企业或由业主聘请的第三方设计人员完成。深化设计资料需要满足施工现场与设计图纸一一对应的要求,如阀门的数量、型号、位置、安装角度、操作手柄的位置等;深化设计图纸满足施工安装的要求。

设备和管线的装配式建造应提倡工厂预制、现场冷连接组装的安装工法,深化设计需要更精细化,满足机械加工的深度要求。

4.4.6 通风系统管道的设计应符合下列规定:

1 设计新风系统的居住建筑,其新风量不仅应满足《民用建筑供暖通风与空气调节设计规范》GB 50736 的要求,而且气流组织十分重要,当与 VRV 空调同时设计时,应充分考虑气流组织不得发生短路现象。

5 集成安装

5.1 一般规定

5.1.1 流水作业方式是提高生产效率的有效措施,合理的穿插作业是保障流水作业的有效手段,因此合理划分施工段,并且做到总包单位与各分包单位相互配合,依次从一个施工段转到下一个施工段,作业在各施工段、作业过程上连续、均衡地进行,使相应专业间实现最大限度的搭接作业,依次完成施工段内的工作过程,充分发挥装配技术优势。

5.1.2 专项安装方案应明确集成安装流程,安装顺序如下:

    1 骨架隔墙测量放线→隔墙龙骨→隔墙管线→隔声构造→基层板安装→吊顶龙骨→沿顶设备与管线→吊顶面层→隔墙饰面层→地面龙骨→沿地设备与管线→地面面层→内门窗→设备与设施→收纳部品。

    2 条板隔墙测量放线→隔墙→隔墙管线→吊顶龙骨→沿顶设备与管线→吊顶面层→隔墙饰面层→地面龙骨→沿地设备与管线→地面面层→内门窗→设备与设施→收纳部品。

    其目的是先安装隔墙,并且隔墙应通顶安装,以保证房间之间的隔声效果,之后再安装顶面与楼地面。

5.1.3 装配式内装工程中采用的新技术、新工艺、新材料、新设备,宜进行评审、备案,并应对新的或首次采用的安装工艺进行评价并制订专项方案。专项方案经监理单位审核批准后实施。

5.2 安装准备

5.2.1 在满足主体结构分段验收条件时及时组织验收,验收内容主要包括:已安装完成的建筑主体的外观质量、尺寸偏差,确认预留预埋符合设计文件要求,确认主体隐蔽工程已完成验收工作,复核相关的成品保护情况,确认具有安装条件,完成施工交接手续,合理组织装配式工程的流水作业。

5.2.2 为避免由于涉及或安装缺乏经验造成工程实施障碍或损失,保证装配式内装质量,并不断摸索和积累经验,特提出对样板及样板间试安装的要求。样板及样板间试安装的过程不但可验证设计和专项方案存在的缺陷,还可对作业人员进行培训,对机械设备进行调试。

5.3 内装部品安装

Ⅰ 装配式隔墙及墙面

5.3.2 本条为对龙骨隔墙施工的规定,对龙骨安装的间距、数量、加固等进行了规定,同时对墙体面板的排板分布及钉眼防锈进行了规定,保证龙骨隔墙的稳定性。

Ⅱ 装配式吊顶

5.3.6 本条使用主吊杆的意思是根据验收标准规定,当吊杆长度超过 1.5 m 时,应增设反向支撑。

5.3.9 吊顶饰面板上的相关部品包括灯具、火灾探测器、喷头、风口等设备,其位置应按设计文件的规定进行同步安装。

Ⅳ 集成式厨房

5.3.15 集成式厨房安装应符合下列规定:

1 对于不适合直接安装在集成厨房墙板上的设备或重型部品,需在安装墙板前,在具备承重的结构墙或隔墙龙骨等支撑构造上预留埋件或预装加固板。

2 集成式厨房墙面应企口安装、插条安装或打胶缝,确保无直通透气缝;台面与墙面连接处打胶,确保无漏水点;水槽及排水构造接口(落水滤器、溢水嘴、排水管、管路连接件等)连接应严密,不得有渗漏,软管连接部位应用卡箍紧固;燃气器具的进气接头与燃气管道接口之间的软管连接应严密,连接部位应用卡箍紧固,不得有漏气现象;吸油烟机、风帽等与排气管接口处应采取密封加固措施。

V 集成式卫生间

5.3.16 目前的集成式卫生间安装大多为在卫生间围护墙体之内安装,一是底盘不易一次安装到位;二是不易调整平稳;三是需要预留较大空间,形成无效空间。如果是新建建筑,则安装顺序为安装完集成式卫生间之后,采用后砌砌体的方式进行维护,这样不利于后期的维护更新。因此,应提倡集成式卫生间使用安装外壁板的方式。外壁板应使用机械连接方式,以便后期维护更新。

VII 内门窗

5.3.22 在门窗框与墙体或事先已做完的基层板之间的缝隙应采用具有弹性、膨胀性的材料填嵌严密,所填嵌的缝隙表面要用密封胶密封。

5.4 设备和管线

5.4.2 本条对设备与管线的连接固定方式提出要求,体现连接方式一体化设计的整体思路。

5.4.3 本条是对隐蔽工程提出的验收要求,隐蔽工程应在相关试验完成并验收合格后方可封闭。为保证各设备系统功能的实现,设备与管线施工完成后应进行调试和试运行,相关各方应配合参与,并形成相关记录。

5.4.6 本条强调电线应穿保护导管,严禁电线不穿保护导管直敷设,并且保护到位。对于暗配的导管,经过空腔层与终端线盒连接时,此段宜采用可弯曲金属导管或金属柔性导管敷设。

6 质量验收

6.1 一般规定

6.1.1 装配式内装工程验收应符合《住宅建筑室内装修污染控制技术标准》JGJ/T 436、《建筑设计防火规范》GB 50016、《建筑内部装修设计防火规范》GB 50222 等国家现行标准的规定。

6.1.4 装配式内装工程安装过程中应及时进行质量检查、隐蔽验收,并形成记录,包括:隔墙骨架、吊顶支吊架与主体结构的连接方式、地板支架组件、给水排水管道、新风设备与管道、空调设备与管线、电气设备与管线、智能化设备与管线等。

6.1.5 装配式内装工程技术资料包含:设计文件及会审文件,相关工程方案,材料进场验收、复试报告,施工过程试验资料,隐蔽验收、检验批,分项、子分部及分部工程等工程资料。

6.5 集成式厨房

Ⅱ 一般项目

6.5.6 集成式厨房各界面包括墙、顶、地界面,橱柜内表面和柜体可视表面,应平整、洁净、色泽一致,无裂缝(纹)、翘曲、脱焊(胶)、胶迹、毛刺、划痕和碰伤等缺陷。

6.6 集成式卫生间

Ⅰ 主控项目

6.6.2 集成式卫生间板块拼缝应严密,防止水及蒸汽通过拼缝渗漏,可以通过拼缝构造连接严密的方式,或采用成品的密封条等进行密封处理,不建议采用填缝剂、密封胶等方式处理,填缝剂、密封胶会变色、脱落,耐久性较差,作业方式纯手工现场实施,观感质量难以控制。

6.6.3 集成式卫生间设施设备包含给水排水、电气、通风、卫生器具等,其预留接口、孔洞的数量、位置、尺寸应符合设计要求,不偏位、错位,不得现场开凿。

6.6.4 集成式卫生间底板翻边一般为 36 mm,门口位置一般不超20 mm,试水高度不宜超过 20 mm。

6.7 收纳部品

主控项目

6.7.5 收纳柜柜门、抽屉开闭频繁,应灵活、回位正确。柜门的安装尤其应注意翘曲和回弹现象。

6.9 设备和管线

I 内装给水排水

主控项目

6.9.6 当水电管线有交叉时,给水管可能产生表面结露,因此应遵循电气管线在给水、排水管道之上的原则,防止电器及管线绝缘性能降低甚至漏电而发生危害。冷、热水管道不得敷设于排水管道下方,防止排水管道渗漏造成污染。

II 卫生器具

主控项目

6.9.11 卫生器具给水配件质量控制,主要是保证安装质量和使用功能。

6.9.12 此条主要是为了杜绝卫生器具漏水,保证使用功能。存水弯的水封能有效隔断排水管道内的气体窜入室内,从而保证室内空气环境质量,依据《建筑给水排水设计标准》GB 50015 规定存水弯水封深度不得小于 50 mm,是考虑到水封蒸发损失、自虹吸损失以及管道内气压波动等因素。为了防止排水不畅,甚至造成沉积阻塞,严禁有双水封。

6.9.13 此条是为保证卫生器具的使用功能。很多卫生器具如果不做满水试验,很难发现其溢流口等是否通畅。

6.9.14 钟式地漏水力条件差,易淤积堵塞,在清通淤积泥沙等垃圾时,钟罩需取出,且沉积污垢不宜清理,排水管内有害气体容易窜入室内造成空气环境污染,有害身体健康。此类现象普遍,应予以禁用。

一般项目

6.9.17 本条引自《河南省成品住宅设计标准》DBJ41/T 163 第4.5.3 条第 6 款:设浴缸的卫生间应在浴缸侧面靠近下水口处设检修口。本条硬管连接主要是质量可靠,检修口的设置是为了清淤和检修。

Ⅲ　室内供暖

主控项目

6.9.19 地板敷设采暖系统的盘管在填充层及地面内隐蔽敷设,管道不应有接头,一旦发生渗漏,将难以处理,本条规定的目的在于消除隐患。

6.9.20 散热器安装在骨架隔墙或条板隔墙时,应确认其散热器固定在墙体上的加强措施部位,固定牢固,见本标准 4.3.8、4.3.9、4.3.10、6.2.3、6.2.6 的规定。

6.9.22 隐蔽前对盘管进行水压试验,检验其应具备的承压能力和严密性,以确保地板辐射采暖系统的正常运行。

6.9.24 散热器的传热与墙表面的距离相关。过去散热器与墙表面的距离多以散热器中心计算。由于散热器厚度不同,其背面与墙表面距离即使相同,规定的距离也会各不相同,显得比较繁杂。如设计未注明,散热器背面与装饰后的墙内表面距离应为 30 mm。

Ⅳ 室内新风、排风

6.9.25 检查厨房、卫生间竖向排气道是否独立设置,是否具有防火和防倒灌的功能。为防止倒吸,排气道接口部位应安装止回阀。检查止回阀安装方向是否正确,四周密封是否严密,阀板摆动是否灵活,关闭位置是否准确。

Ⅴ 空调

一般项目

6.9.31 室外机的通风条件应良好:包括进风和出风安装距离符合国家现行标准规定,还包括与相邻室外机相向出风而产生过热保护,造成室外机死机等。

6.9.34 冷媒管道、冷凝水管道与支、吊架处的绝热应处理到位,不得发生热桥现象。

一般项目

6.9.36 检查空调送风口与感烟探测器最近边的水平距离是否大于 1.5 m,是为了防止气流影响探测器的正常工作。

Ⅵ 室内电气

主控项目

6.9.37 应对照设计图纸、产品说明书、检测报告等判断箱体及保护电器是否符合要求。箱体采用不燃材料能有效阻断电气火灾蔓延。

6.9.38 检查导线截面、色标、线路编号,是为了识别不同功能或相位而制定的,有利于安装,又便于检修。同一电气器件端子接线不超 2 根是防止接线松动、压线不紧、端子发热,产生用电隐患。住宅内配电箱回路一般采用单极断路器控制,为方便施工及箱内配线简洁,要求中性线(N)和保护接地线(PE)需经汇流排连接。当配电箱内采用能同时断开相线和中性线的保护断路器时,中性线(N)可不经汇流排。

6.9.39 《电缆管理用导管系统 第 1 部分:通用要求》GB/T 20041.1 规定金属柔性导管不应做保护导体的接续导体。

6.9.41 本条与现行国家标准《建筑电气照明装置施工与验收规范》GB 50617 中第 3.0.6 条和第 4.1.15 条强制性条文一致。由于木楔、尼龙塞或塑料塞不具有像膨胀螺栓的楔形斜度,无法促使膨胀产生摩擦握裹力而达到锚定效果,所以在砌体和混凝土结构上不应用其固定灯具,以免发生由于安装不可靠或意外因素,发生灯具坠落现象而造成人身伤亡事故。通过抗拉拔力试验而知,灯具的固定装置(采用金属型钢现场加工,用 Φ8 的圆钢做马鞍形灯具吊钩)若用 2 枚 M8 的金属膨胀螺栓可靠地后锚固在混凝土楼板中,抗拉拔力可达 10 kN 以上且抗拉拔力取决于金属膨胀螺栓的规格大小和安装的可靠程度;灯具的固定装置若焊接到混凝土楼板的预埋铁板上,抗拉拔力可达到 22 kN 以上且抗拉拔力取决于装置材料自身的强度。因此,对于质量小于 10 kg 的灯具,其固定装置由于材料自身的强度,无论采用后锚固或在预埋铁板上焊接固定,都是可以承受 5 倍灯具质量载荷的。质量大于 10 kg 的灯具,其固定及悬吊装置应该采用在预埋铁板上焊接或后锚固(金属螺栓或金属膨胀螺栓)等方式安装,不宜采用塑料膨胀螺栓等方式安装,但无论采用哪种安装方式,均应符合建筑物的结构特点,且按照本条要求全数做强度试验,以确保安全。有些灯具体积和质量都较大,其固定和悬吊装置与建筑物(构筑物)之间可能采用多点固定的方式,安装单位可按固定点数的一定比例进行抽查,但应编制灯具载荷强度试验的专项方案,报监理单位审核。

6.9.42 Ⅰ类灯具的防触电保护不仅依靠基本绝缘,还包括附加的安全措施,即把易触及的导电部件连接到固定线路中的专用保护接地导体上,使可触及的导电部件在基本绝缘万一失效时不致于带电。

6.9.43 约定灯具与可燃物等的安全距离,防止高温灯具近距离照射可燃的墙体软包等饰面发热后引起可燃物着火,感烟探测器、喷头误动作或损坏。

6.9.45 保护接地导体(PE)不允许在插座间串联连接,是为了防止其松动、虚接或断线时,使故障点之后的插座失去 PE,人员误触电或设备漏电情况下漏电断路器不动作,失去保护意义,造成人身伤害。正确做法是,从回路总 PE 上引出的导线单独连接在插座的 PE 端子上。

利用插座本体的接线端子转接供电,是指剥去导线端部绝缘层,将2根或以上电线"头攻头"插入插座自身所带的接线端子内,依靠接线端子对后续的电源插座供电。这种工艺会因导线接线端子压接不紧密而松动,接触不良造成后续用电设备不能正常工作,甚至引发安全事故。正确做法是,同一插座回路中,处于回路始端及中间插座的相线、中性线接线时,应从相线、中性导体回路总线上引出一个分支线头单独压接入插座自身的接线端子内,引出处应规范绕接并用绝缘层可靠包扎(此处的相线、中性导体回路总线不建议截断)或经导线连接器连接,从而确保插座回路供电的可靠性。

6.9.46 软包墙壁面不宜安装开关、插座,可燃墙面上安装的开关插座应有良好的防火隔离措施,严禁可燃材料进入开关、插座。《建筑设计防火规范》GB 50016 的 10.2.4 条:"开关、插座和照明灯具靠近可燃物时,应采取隔热、散热等防火措施。"

6.9.47 设置局部等电位,主要目的是把此局部区域内人体所能触及的外露可导电部分的电位人为地汇于一体,使其没有电势差,也就是没有电压,人体触碰这些部位时就不会有危险电流经过人体,自然也就没有电击危险,这个等电位是为人身安全设置的。所以,在卫生间范围内将建筑物钢筋、插座 PE 线等金属联结,形成局部等电位。

Ⅷ 室内智能化

主控项目

6.9.57 对讲系统应有完整的调试记录,联动应准确、无误。模拟操作时管理机房一人,户内一人,宜模拟操作 3 次。

6.9.58 报警系统是提高住宅安全防范能力的重要设施,紧急求助装置、入侵探测器等末端防范设施,应严格按照设计要求进行安装。系统应有完整的调试记录,报警、联动应准确、无误。模拟操作时机房一人,户内一人,宜模拟操作 3 次。

6.9.61 智能家居控制系统的布线要与控制设备相协调,做到位置合理、方便操作、安装牢固。现场应模拟操作测试其使用功能,保证其动作准确可靠。

6.10 室内环境质量

主控项目

6.10.2 在内装施工时,尽管材料的氡、甲醛、苯、氨和 TVOC 含量符合国家标准的规定,但经内装材料组合在一起后,所含浓度可能会增高,经一段时间稳定后进行检测比较恰当。另外,油漆的保养期至少为 7 d,所以强调在工程完工 7 d 后对室内环境质量进行检测。

6.10.3 本条为《民用建筑工程室内环境污染控制标准》GB 50325 强制性条文,必须严格执行。

Ⅰ类民用建筑室内氡限量值指标确定时,参考了世界卫生组织(WHO)的室内氡浓度建议值 100 Bq/m³,同时参考了《中国室内氡研究》实测调查结果:我国全年平均住宅室内氡浓度大于 100 Bq/m³ 的房间数小于 10%,还参考了现行国家标准《室内氡及其子体控制要求》GB/T 16146 将新建建筑物室内氡浓度的年均氡浓度目标水平确定为 100 Bq/m³ 限量值。GB/T 16146 将室内氡浓度限量值确定为 150 Bq/m³,主要是考虑到 GB/T 16146 规定自然通风房屋的氡检测条件是对外门窗封闭 24 h 后进行检测的情况。

Ⅰ类民用建筑室内甲醛浓度指标 0.07 mg/m³ 的确定:WHO建议室内甲醛限量值为 0.10 mg/m³;现行国家标准《室内空气质量标准》GB/T 18883、《公共场所卫生指标及限值要求》GB 37488将使用房屋室内甲醛限量值定为 0.10 mg/m³,两者均包含装饰装修材料、活动家具、生活工作过程等产生的甲醛污染;《中国室内环境概况调查与研究》资料表明,活动家具对室内甲醛污染的贡献率统计值约为 30%,Ⅰ类民用建筑室内甲醛浓度指标定为 0.07 mg/m³,相当于为房屋使用后活动家具等进入预留了适当净空间。

Ⅰ类建筑空气中苯限量值的确定:现行国家标准《室内空气质量标准》GB/T 18883、《公共场所卫生指标及限值要求》GB 37488 将苯限量定为 0.11 mg/m³。由于民用建筑工程禁止在室内使用以苯为溶剂的涂料、胶粘剂、处理剂、稀释剂及溶剂,因此近年来室内空气中苯污染已经受到一定控制,同时考虑到活动家具等对室内苯污染的贡献率,Ⅰ类建筑空气中苯污染限值定为不大于 0.06 mg/m³。

氨、甲苯、二甲苯限量值的确定:Ⅰ类民用建筑室内氨、甲苯、二甲苯限量值指标均比现行国家标准《室内空气质量标准》GB/T 18883 及《公共场所卫生指标及限值要求》GB 37488 更加严格。

Ⅰ类民用建筑室内 TVOC 限量指标 0.45 mg/m³ 的确定,与甲醛等情况类似。

表 6.10.3 注 1,表中室内环境指标(除氡外)均为在扣除室外空气空白值(本底值)后的测量值。室外空气污染程度不是工程建设单位能够控制的,扣除室外空气空白值可以突出控制建筑材料和装修材料所产生的污染。检测现场及其周围应无影响空气质量检测的因素,检测时室外风力不大于 5 级,选取上风向适当距离、地点的可操作适当高度进行(注意避免地面附近污染源,如窨井等);在室内样品采集过程中采样,雾霾重度污染及以上情况不宜进行现场检测。对采用集中通风的民用建筑工程,应在通风系统正常运行的情况下进行现场检测,不必扣除室外空气空白值。室外采样应在室内采样时间范围内进行。表 6.10.3 中的氡浓度,是指室内检测的氡浓度值,不再进行平衡氡子体换算。

表 6.10.3 注 2 明确,污染物浓度测量值的极限值判定,采用全数值比较法。根据的是现行国家标准《数值修约规则与极限数值的表示和判定》GB/T 8170,在 GB/T 8170 中提出有两种极限值的判定方法——修约值比较法和全数值比较法。GB/T 8170 进一步明确:各种极限数值(包括带有极限偏差值的数值)未加说明时,均指采用全数值比较法;如规定采用修约值比较法,应在标准中加以说明。考虑到许多检测人员对 GB/T 8170 不熟悉,因此在表 6.10.3 注 2 中进一步进行了明确。

6.10.4 通风效果检测的方法:

1 CO_2 浓度检测方法应符合《室内空气质量标准》GB/T 18883 和《室内空气中二氧化碳卫生标准》GB/T 17094 的规定;

2 PM_{10} 浓度检测方法应符合《室内空气中可吸入颗粒物卫生标准》GB/T 17095 或《公共场所卫生检验方法 第 2 部分:化学污染物》GB/T 18204.2 中滤膜称重法的规定;

3 $PM_{2.5}$ 浓度检测方法应符合《建筑通风效果测试与评价标准》JGJ/T 309 或《公共场所卫生检验方法 第 2 部分:化学污染物》GB/T 18204.2 中细颗粒 $PM_{2.5}$ 的光散射测定方法的规定;

4 PM_{10} 和 $PM_{2.5}$ 浓度检测宜在采暖期进行。

6.10.5 室内允许噪声级标准,是对住宅楼内、外噪声源在住宅卧室、起居室(厅)产生的噪声的总体控制要求,本标准对住宅户内其他房间的允许噪声级暂不做规定。

本条文规定的室内噪声级标准是在关窗条件下测量的指标,具体的测量条件和测量方法见国家标准《民用建筑隔声设计规范》GB 50118。

6.10.6 本条与国家标准《建筑照明设计标准》GB 50034 规定相同。居住建筑的照明标准值是根据对我国六大区的 35 户新建住宅照明调研结果,并参考原国家标准《民用建筑照明设计标准》(GBJ 133—90)以及一些国家的照明标准,经综合分析研究后制定的。